恒星闪耀

②

强人设成交

李海峰　肖逸群 ◎ 主编

华中科技大学出版社
http://press.hust.edu.cn
中国·武汉

图书在版编目(CIP)数据

恒星闪耀. 2,强人设成交 / 李海峰,肖逸群主编. – 武汉 : 华中科技大学出版社,2025. 8. – ISBN 978-7-5772-2055-0

Ⅰ. B848. 4-49

中国国家版本馆 CIP 数据核字第 2025Y0S575 号

恒星闪耀 2:强人设成交

Hengxing Shanyao 2:Qiangrenshe Chengjiao

李海峰　肖逸群　主编

策划编辑:沈　柳
责任编辑:沈　柳
封面设计:琥珀视觉
责任校对:阮　敏
责任监印:朱　玢
出版发行:华中科技大学出版社(中国·武汉)　　电话:(027)81321913
　　　　　武汉市东湖新技术开发区华工科技园　　邮编:430223
录　　排:武汉蓝色匠心图文设计有限公司
印　　刷:湖北新华印务有限公司
开　　本:880mm×1230mm　1/32
印　　张:6.875
字　　数:161 千字
版　　次:2025 年 8 月第 1 版第 1 次印刷
定　　价:55.00 元

序言

PREFACE

最高级的真实特质，往往以强大的人设呈现。

我很高兴与肖厂长共同完成这本书的编写工作。这是我和肖厂长一起主编的第二本书。

第一本书《恒星闪耀：高客单新个体》反响热烈，不仅帮肖厂长获得"第十届当当影响力作家"称号，还促进了书里30多位联合作者的私域整合。我相信，本书也会成为促进合作、打造联盟的优秀作品。

本书的联合作者同样都是由肖厂长担任主理人的恒星私董会的成员，近一半是肖厂长百万发售的恒星IP，其他的是刚加入恒星私董会的成员。每个人都在书里写了自己的故事，多元化的内容确保想要做IP的读者都能产生共鸣和受益。

本书的副书名"强人设成交"来自肖厂长的线下课。要想实现高客单成交，必须革新用户的决策路径，让用户因故事产生共鸣和认同人设而下单。

在商业成交场景中，"强人设"并非对真实自我的否定，而是对真实特质的策略性筛选与符号化放大。

"真实的自我"有一些天然的缺陷：混乱性、利己性与不可控性。混乱性会瓦解信任基础，利己性违背商业本质，不可控性会摧毁专业感。

"强人设"则拥有承诺、筛子和剧本的功能。人设即承诺，产生信任的复利；人设即筛子，吸引高价值用户；人设即剧本，让人不再内耗。

只是强调"做自己"确实很轻松，因为不需要克制，也不用为别人负责，更不用花心思。打造人设则需要你有极高的自我认知，知道自己真正的价值是什么，也需要你具备精准的用户思维，知道怎么把自己的价值以观众最能接受的方式交付出去。

用户从不需要混乱的多面体，他们只愿为那个精心打磨的切面买单。

当你把"人设"当作作品来雕刻——每一次克制，都是对用户的尊重；每一次设计，都是对专业的敬畏。

　　我们希望借由一个个真实的个体和故事，让读者找到可以借鉴的样本。我们邀请所有联合作者都留下了自己的二维码。这样读者可以直接添加好友并进行沟通，我们希望改变传统出版物的单向输出方式。

　　欢迎大家和我反馈读完本书的心得。如果对本书有营销建议或者团购需求，也可以随时和我联系。

李海峰

独立投资人

畅销书出品人

DISC＋社群联合创始人

2025 年 7 月 17 日

目 录

CONTENTS

帮30个个人IP年

变现8000万元背后的

强人设成交密码

肖厂长

星辰教育创始人兼 CEO

10 年吸引 3025 万名私域粉丝

公司累计收入超过 10 亿元

你好，我是肖厂长。

我是一个连续 11 年创业的人、私域发售实战专家，也是星辰教育创始人兼 CEO、恒星私董会发起人。

在商业世界的浪潮中，我用 11 年时间吸引了 3025 万名私域粉丝，公司累计营收超过 10 亿元，最多时有 600 名全职员工。

很多第一次见到我的人都会怀疑我的能力：这个白白净净的年轻人，不可能这么厉害吧？

我的创业之路始于 11 年前，当时 23 岁的我还是某银行总部的一名小职员。我怀揣梦想，在业余时间选择了在线教育这个赛道，主攻英语 K12 培训。

我在创业初期就获得了融资支持。2016 年，我拿到了 1100 万元的 Pre-A 轮融资，2017 年又获得经纬中国和腾讯双百共 3300 万元的 A 轮融资，总计融资金额达 4400 万元。

在创业的前 7 年，我一直是幕后操盘手，签约了 100 多个英语个人 IP，包括黄执中等有国民级影响力的教育名师。我们打造了"轻课""极光单词""英语麦克风""潘多拉英语"等多款红极一时的产品，这些产品在成人英语学习领域都有着不小的影响力。

表面上看，一切都很完美：我们公司年营收达 6 亿元，有 600 人的团队，还抓住了好几次流量红利，积累了 3000 万元的私域资产。但真相是我们的净利润率只有 3% 左右。每月有 1300 万元的人力成本、2000 万元～3000 万元的市场投放费用，让我

这个掌管着营收数亿元公司的 CEO 在北京只能租房住，没有属于自己的房子和车子。

投资人对我们要求很严。所有合伙人的收入，在拿投资的那一刻就都被写进了投资条款里。对于公司主要经营管理层的收入，董事会都有一票否决权，美其名曰"要保持饥饿感"。

即便这样，我依然舍命狂奔。直到 2019 年，我迎来了一个重大机会。我获得了 1 亿美元的投资意向书，但投资方有两个条件：一是拿到钱后必须花掉，去获取市场份额；二是我个人必须签署对赌协议，如果 4 年后公司不能上市，我必须把投资款以及每年 10% 的利息还给投资人，并承担无限连带责任。我纠结了整整一周，既开心，又难过。**最终，我做出了决定：放弃融资**。因为一旦签了这个协议，我很可能将终生不幸福。

从 2020 年开始，我主动缩小公司规模，关停了所有不挣钱的业务，自己出来做 IP，专注于一个赛道，成为单个领域的专家。这个决定花了我 8000 万元的"分手费"，其中包括 500 多名员工的离职补偿、退回投资人的投资款以及给合伙人的补偿。正是这个决定救了我，因为就在 2021 年，"双减"政策落地，整个在线教育行业几乎覆灭，很多以前十分成功的创始人都消失在茫茫人海中。

我从幕后走到台前，开始打造自己的 IP——肖厂长，定位为专注打造企业私域资产者。这个转变并非偶然，而是源于我对私域的深刻感悟：在我要付出 8000 万元"分手费"的时候，正是我做 K12 那几年，我积累的 3025 万名私域粉丝救了我。仅靠给别人做广告，公司每月就有上百万元的收入，而负责这块业务的团队只有 3 个人。**我时常感叹：私域是能伴随个人终生的资产。**

最初做 IP 时，我采用传统的"堆人做销售"模式，招聘大量销售人员来运营私域，我的课程也主要教这个。但我很快发现了问题：一方面，大公司的老板在学完我的课程后回去招人，公司人一多，就会碰到我之前碰到过的问题——利润率低；另一方面，个体老板们的团队只有老板加几个助理，不想为了做私域而招更多人，他们嫌管理麻烦。

我开始反思：我的私域课程真的能让创业者更幸福、更容易获得成果吗？就在我纠结之际，一张图片深深刺痛了我，上面写着"不要吃老本，要立新功"。我意识到，自己一直躺在过去的功劳簿上，没有创造新的战绩。于是在 2022 年，我做了一个关键决定：停课、停止做流量、停止做销售，将所有精力集中到一件事上——用小规模团队在私域探索新的变现模式：私域发售。在我自己的几个知识付费产品试水成功，形成一套方法论后，我开始寻找有类似产品、需求的客户，希望通过帮助他们拿到成果，来验证自己的方法论。

2022 年 8 月，我遇到了我的"初恋客户"刘 Sir，他在出版行业深耕 20 年，想做一个以"出书"为主题的付费社群和开设线下课。我和他约定好：我不收任何费用，只按照最终结果分成。我们迅速开始了第一次私域新产品发布的幕后操盘。

我们推出了"书香学舍"，定位为"超级个体的出书商学院"。通过在私域里做了一次"大事件"，"书香学舍"一个月招了 400 名学员，刘 Sir 的销售信的阅读量达到了十万级，产品一举出圈。在一年多的时间里，刘 Sir 有了近千万元的收益。根据约定，这一次操盘让我的团队获得了上百万元的收入。最令人惊讶的是，这次"大事件"，我们只用了 0.5 个销售（一个人一边做运营一边做销售）。这让我找到了一种全新的私域成交模式，我称之为"私域发售"。

有了刘 Sir 的成功案例，我继续与圈内其他优质 IP 合作，帮他们做全案私域发售。

2023 年,我们操盘了 20 多次私域"大事件",与李海峰、周宇霖、陈晶等多位知名 IP 合作,成交总额从 100 万元到 2000 万元不等,全年成交总额达到 7000 万元,而我们的团队只有 20 多人。2024 年,我们团队逆势而上,成交总额达到 8000 万元。

虽然公司的营收和之前相比减少了接近 90%,但是我的创业幸福感提升了不止百倍。这套私域发售的方法论与传统私域运营有本质区别,我不再教大家如何"堆人做销售",而是教大家如何用更少的人获得更好的私域结果。这也是"一人公司"的由来。可能很多读者还不太理解一人公司的运营理念,一人公司不是只有一个人的公司,而是围绕一个主要人设开展业务,无限追求高人效的公司。

我的核心业务有三个:高客单私域发售全案操盘、恒星私董会和一人公司私域大课。高客单私域发售全案操盘完全按结果收费。第二项业务,恒星私董会(一人公司私域联盟)是一个年度圈层类产品,目前在册的恒星私董已突破 1000 人。第三项业务,一人公司私域大课教大家如何用一人公司的模式做私域、做发售,每年举办 2~3次,每次都会有 300~500 人参加。这些核心业务全部是高客单产品。

关于普通人创业为什么一定要做高客单产品这个话题,在这里不再赘述,还不太了解的朋友可以去读我的《幸福感创业》这本书,用一句话总结:小众、低频、高客单、重交付是普通创业者在竞争激烈的市场中的唯一出路。

那么,高客单成交的底层逻辑是什么?

很多创业者都说,要想卖出产品,就得提供最硬核的干货,要把自己所有的方法论都讲透,证明自己有能力。但事实是,很多人有干货,却卖不出高客单产品,而有些人不怎么讲干货,和顾客聊着天就能成交。这背后的原因，如果你能明白，至少要少走 5 年弯路——用户不仅为你的干货买单，还要为你的人设买单。

要卖出高客单产品，甚至批量卖出高客单产品，你必须要有"品牌"。而对一人公司的老板而言，品牌就是 IP，就是你的强人设。

那么，我是如何强人设成交的呢？其实，前面我写的所有内容就是我的强人设成交方法。

一人公司、私域、高客单发售，这些是我的标签。

巅峰时期的故事、曾经推出的爆款产品，让你相信我是一名优秀的操盘手，并且能敏锐捕捉商业趋势。

支付 8000 万元"分手费"的故事，展示的是我的人品。

私董会和线下大课人数，让你对我产生信任。

高客单发售的结果式付费，传达的是我的魄力，而创造的成交总额则是一种确定性。

总结一下强人设成交的底层公式：强人设成交＝真实的经历＋有设计的表达。

我不仅自己做私域发售、强人设成交，在每年操盘 30 来个 IP 的私域发售"大事件"时，还帮他们打造各自的强人设，实现线上集中式出圈、批量成交。

2023 年 9 月，海峰老师参加完我的线下大课后，直接续费了 10 年的恒星私董会会员，跟我说想做一次发售。得到了海峰老师如此的信任，我拼尽全力来做这个发售。我带团队跟海峰老师开了一次项目启动会。海峰老师说，他想发售的产品叫"海峰贵友联盟"，而这个联盟主要是让大家有"把对手变队友的能力"。

海峰老师的人设和产品完全匹配，但说实话，这个产品定位有点虚。我们问海峰老师，这个产品能提供什么权益，海峰老师滔滔不绝,说了半个小时,我们一直耐心地倾听,直到他说有一项权益是凑齐 30 个人合著一本书,我们团队眼前一亮。我跟海峰老师说,一定要把这个权益作为主打,因为它把一个听起来虚无的联盟变得具象化。

但还有个问题,谁会跟 29 个不熟悉又名不见经传的人随便合作写一本书呢? 场面一度陷入僵局。

海峰老师说:"好的答案来自好多答案。"一次不行,我们就多"碰撞"几次,多想一些方案。经过多次头脑风暴,我们终于找到了一个重要突破口:联合大咖。如果这 30 个人是 1+29 的结构,"1"是一位大咖,他作为主创,邀请自己的私域粉丝去寻找另外 29 个人,作为联合发起人,问题就迎刃而解了。

我们快速发动了一批私董会主理人,他们在各自的私域里做了 10 场内部发售会,大联盟中生长出无数个小联盟,就像连锁反应一样。还没有正式发售,成交总额就突破了 600 万元。紧接着,我们给海峰老师做正式发售会。我跟海峰老师说,重点讲自己的故事,例如 DISC+社群有多少学员,他们怎么在圈子里成长,又怎么找到彼此的朋友,进而互相成就。我还说,重点讲自己过去推广畅销书的资源、经验,展示自己的畅销书封面、在当当网的排名。海峰老师是讲故事的一把好手,我们最终获得了 1325 万元的成交总额,在整个私域发售的历史上留下了浓墨重彩的一笔。

除了海峰老师,我操盘的其他 IP 之所以能在各自的赛道内产生影响力,也或多或少是因为他们掌握了强人设成交的密码。

这些 IP 包括周宇霖(销售演讲)、清华陈晶(公域直播)、江湖格掌门(操盘手)、笛子(品牌出海)、高海波(品牌私域)、刘 Sir(出书)、孟慧歌(高价 IP)、马大个(创始人口播)、葛老师(酒店运营)、坤龙

（视频号获客）、张一凡（事件营销）、李忠秋（结构思考力）、婉莹（谈单教练）……他们中的很多人，和我一样，都是"一人公司"创业理念的践行者。**真正的成功不在于自己公司的规模有多大，而在于这个公司能否用最小的成本创造最大的价值，能否在商业环境变化时保持韧性。**

如果你也认可一人公司的理念，想做高客单私域、强人设成交，甚至将来想做一场私域发售会，欢迎跟我联系。

总结一下强人设成交的底层公式：强人设成交 = 真实的经历 + 有设计的表达。

花掉1500万元，

废掉103个账号，

我为何用370万元关掉公司？

义哥

"直播讲香大师班""企业家、创始人、老板直播能力训练营"课程主理人
老板直播轻创业模型开发者
北京大学数字化营销与新媒体创业研修班特聘导师

我是王义,人称"义哥"。以前是一家百人新媒体公司的老板,现在是高变现老板直播孵化手。

疫情三年,我花掉 1500 万元,做了 106 个账号,后来废掉 103 个,孵化 3 个过亿元商品交易总额的腕表、女装、文玩垂类直播间。

疫情管控结束后,我关掉公司,1 人靠 1 套直播设备,总计直播 700 小时,变现 477 万元(税后),孵化大旗本旗等高变现老板直播间。

2024 年,我带 1000 个老板打造"1 人、1 年、1 套直播设备、1000 万元净利润"老板直播轻创业模型。

接下来,我给大家详细讲一讲我的故事。

01 从孵化过亿元商品交易总额直播间的老板到商业直播的顶流

2023 年底,我在北京的办公室算账,交完个人所得税后,留在自己银行卡里的钱还有 477 万元。我不禁感叹:原来一个人的人效可以这么高!

午夜,我兴奋地开着车在北京三环一圈一圈地转。在北京的车流中,我感觉这么多年第一次呼吸到自由的空气。

我回想起 20 年前,我开着一辆花 127680 元买的顶配版现代,从廊坊市到中国传媒大学上课。我看着那么高的楼,好奇都晚上 12 点了,还灯火通明的,里面的人在干吗呢?我心里有个想法:我要留在北京。于是,在廊坊市电视台工作 4 年,我屡获播音主持相关奖项,摸到职业的天花板后,毅然辞职,不再当当时人人艳羡的播音主持人。接下来,我怀揣辛苦攒下的 100 万元,到北京创业。结果没有悬念,一年后,我赔光了。100 万元让我明白了,创业是一件值得敬畏的事。

2019年,我第一次创业失败之后的第15年,我获得了投资人投资的100万元。拿着这100万元小种子轮的投资,我在北京开了一家新媒体公司。5年时间,我经历了初创公司会经历的所有困境。

2022年7月,事业部的2个总监找到我,他们说:"义哥,你再不开播,我们就辞职!"所以我开播并不是因为我知道怎么直播,而是被逼上梁山的。

开播之前,我是3个年商品交易总额共3.2亿元的达人直播间的幕后老板,是操盘手,所以我心想:这有什么难的,播就播嘛!28天,播得我生不如死!第一个账号,被我播废了。我停播,开始复盘:没有调研,没有经验,没有审美,没有数据,不懂算法,更忽略了人性,不失败才怪呢!我收起傲慢,对直播起了敬畏之心,去调研最好的主播是如何直播的。一帧帧反复观看、拆解别人直播的时候,我仿佛看到那个18岁的少年,每天下班后在演播厅一遍遍录制录像带,不满意的时候甚至能录到天亮。20年前的专业录像带,一盘要录30分钟左右,每天录七八盘,录像带堆在墙角有一尺多高。刻意练习让我在22岁那年,成为廊坊市电视台整点新闻的主播,一下子被几百万人看到。

我用20年前做传统媒体的方法来做直播!我无所畏惧。新号开播的第14天,我的直播间就有上万人在线。截至2024年7月,我的直播录屏文件累计2300GB。

我收到很多MCN公司的邀请,最终,我选择了杭州的一家泛商业赛道的头部MCN公司(崔磊—为思考点赞、商业小纸条real、楠哥有才气、高盖伦等主播签约的机构)。

2023年正月初二,我带着女儿到了杭州的这家公司,崔磊跟我聊了不到一个小时，中心思想就一句话："义哥，你可以考虑解散你现在的公司了！"我听进去了，在痛苦纠结 6 个月后，补完 20 多人 4 年的全部加班费，按 $n+1$ 的标准赔付所有员工后，解散了公司。然后，我带着一套直播设备，只身一人来到杭州，跟崔磊合作，成为他们公司的合伙人。

我有时候一天播一场，有时候一天播两场，一场一个半小时左右，播了 700 多个小时，我的年收入为近 500 万元。在北京，我之前的公司有 40 人的团队，一年有几千万元的流水，最后我们股东一共分不到 100 万元，我还是大股东。但是做直播，我一个人的人效 700 多个小时，收入将近 500 万元。

后来，我想通了，现在已经到了拼个人人效的时代！

我的直播设备，上飞机都不用托运，过完安检直接放到行李架上，到任何一个城市的酒店住下，晚上就可以开播。

从 2023 年到 2024 年，我从刚刚开播的"小白"成长为专业主播，后来做了 7 个账号，有 7 个万人在线直播间，我跑通了一人公司的创业模式。

我很庆幸 2023 年 7 月，我用 370 万元的代价，结束了我为之奋斗了 4 年的初创公司，换来了再开一局的机会，我是多么明智！

掌握了直播技能之后，我成为一个拥有直播能力的老板。

02 直播改变命运：素人年收入过 1000 万元

有人说："义哥，你是特例，普通人能做直播吗？"

我打算测试最小单元产品模型，用最小成本、最短时间，测试我的产品模型能不能有成果。非常幸运，2023 年底，我遇到我人生中的 2 个贵人，琦琦和媛媛。她们是到我杭州的公司来应聘运营人员的，被 HR 淘汰，命运却阴差阳错地把她们送到我面前。她们没有做过直播，是纯粹的"小白"。我没有 PPT，没有思维导图，用口传心授的方式，把我这几年操盘直播以及一线直播的经验进行总结，传授给她们。我告诉她们："选择做直播，是因为它的成本低，试错的概率小，而拿到结果的概率大。"她们听懂了。一个月的时间，媛媛的直播有 3700 人在线，琦琦的直播有 22000 人在线，琦琦现在有 4 个直播间，一天的净收入最高有 7 万元。2024 年 5 月，第一个变现的完整自然月，琦琦的净收入有 64 万元。最高战绩是直播间有 8.6 万人同时在线。半年时间过去后，琦琦现在每个月有 100 多万元的收入。

琦琦和媛媛是我的 2 个测试对象，她们是我产品模型的 0 号种子。她们开始都很优秀，但是媛媛没有坚持，现在已经没有联系了。机会对每个人来说都是平等的，关键看你能否抓住。琦琦能够有今天的成绩，是因为她有非常强的行动力，且一直坚持刻意练习，不断积累自己的经验。我说必须播够 100 场，她就每天播 2 场，1 场结束，马上复盘、优化，用另一个账号播优化后的稿子。她非常清楚，一件事情想达到质的飞跃，一定要有量的积累。

琦琦开播一周就有千人在线，很快万人在线。她也经历过直播间峰值人数只有二十几人的时候，她想过放弃，但是她坚持下来了，每一场直播后都认真复盘，不断进步。2 个月后，她的直播间在线人数再没掉下来过，她随时有开新号、拉流量的能力。

之前我不确定直播是我个人的能力，还是可以复制的，琦琦的成功让我很兴奋，我看到我还有另外的价值，就是让一个素人快速地成为一个玩流量的高手。我相信基于算法规则的主播训练是有效果的！

03 4 个月打造"1 人、1 年、1 套直播设备、1000 万元净利润"老板直播轻创业模型

我希望老板们通过直播获得非常高的回报。

2024 年 3 月，我做了一场直播，获得了 87 个老板的联系方式。我给这 87 个老板分别打了 40 分钟的电话，筛选出了我第一批的 10 个学员。

直播能力无法批量复制，必须采用 1 对 1 小班制传授，所以我将学员人数控制在 10 人左右。只有通过面试的人，才能跟我学习。我的学员开播率为 100%，很多人在短短的几个月后，就已经有了成果。

大旗（抖音官方讲师，抖音泛商业赛道万人在线主播）：大旗之前只做抖音线下培训，尝试过直播，就爱讲干货，但一年时间过去了，他的直播间在线人数一直徘徊在 100 人以内，他找不到突破口。通过我的指导，他的自然流最高场观为 300 多万人，同时在线人数有4.5 万人。他说，用我的方法帮阿里巴巴一个高管起号，第 7 场直播做到了千人在线。

真真（大健康传统企业新媒体部负责人）：真真长了一张娃娃脸，这是一张似乎不适合讲商业知识的脸。我给她的定位是"娃娃总讲商业"，把她的劣势变成与他人的差异。她直播了 70 多场，一次次自我怀疑，一次次继续改进。直到第 77 场直播，流量汹涌而来，她说："原来直播是这样的。"

舒扬（服务过 80 多位明星的高端私宴主理人，新晋万人大主播）：她初次创业是做高端私宴，服务过 80 多位明星，后来由于疫情，线下业务没法做了，于是转型做线上。开始没有人带，她一个人直播，长期只有不到 100 人在线。经过我的指导，她正式开始直播的第

98 天，有 1.2 万人在线。

无论你专注于什么赛道，只要按照正确的方法刻意练习，认真复盘，那么一定会有结果。

后来，我想通了，现在已经到了拼个人人效的时代！

自媒体事件营销，
助我大展宏图

张一凡

自媒体事件营销创始人
热搜事件幕后策划人
央视《今日说法》前编导

我是张一凡，男，已婚。

我来自河南偏远的农村，在那里度过了物质匮乏的童年时光。小时候家里穷，父母虽然拼尽了全力，依然难以养活我们3个子女。和许多人一样，我也曾怀揣着美好的梦想。到现在，我还清晰地记得小时候听过的那首《红红好姑娘》："小时候的梦想，从来就不曾遗忘，找个世上最美的新娘，陪你到地久天长，爱你到地老天荒，用我温柔的心带你一起飞翔。"这首歌唱出了我年少时内心深处对爱情的渴望。

我小时候目睹了家庭的不易，对金钱有了强烈的渴望，一心想着通过努力改变家族的命运，让家人过上好日子。这些年，我在赚钱的道路上一路奔波，从未停歇。我和我的初恋组建了一个幸福的小家庭，妻子为我生下两个可爱的儿子，大的叫张无忌，小的叫风清扬，他们是我生命中最珍贵的礼物。我很爱他们，他们是我不断前行的动力。我很珍惜我幸福的婚姻。

抓住时代的机遇，二十四岁时，我创办了"青苹果传媒教育"和"星火生物"这两家行业头部公司。二十七岁时，我就拥有了私人飞机，成为众人眼中的成功人士。然而，在疫情和教育"双减"政策的影响之下，我苦心经营多年的教育事业遭受了重创，一夜之间负债千万元，成了落魄的千万"负翁"。

对于2020年，大家一定记忆犹新。那一年疫情肆虐，全国商业停摆，负债累累的我走到了人生最重要的十字路口。面对着巨额的债务和生存压力，我被迫开启了自救模式。一个歇业了半年的大排档老板给了我一个机会，正是这个偶然的机会，让我踏上了自媒体事件营销这条路。

因为没有钱，我就想不花一分钱打造一个轰动全城的网红大排档。经过周密的策划之后，我开始了这场冒险。

我先在抖音上发起了一个极具吸引力的话题"大排档——两周挑战80万元的营业额"。这个话题一经发出，浏览量迅速突破了千万次，无数好奇的人纷纷前来围观，都想看看这个看似不可能完成的挑战究竟会如何发展。

紧接着，我发了一条极为诱人的活动消息：邀请全城的市民免费来吃顿饭。活动名称就叫"首单免费霸王餐"。"免费"这两个字仿佛有着神奇的魔力，瞬间点燃了大家的传播热情，让这个消息在网络上呈爆炸式扩散。凭借着这个操作，大排档原本每天仅有8000元的营业额，很快暴涨到了9万元。这吸引了全国的餐饮同行纷纷前来学习，好奇的市民更是络绎不绝地前来打卡，还引来了媒体争相报道。相关报道如同催化剂一般，让这场营销盛宴愈发热闹。众多网红也纷纷前来蹭热度，此时，我顺势联合众多网红，开启了"大排档——两周挑战80万元的营业额"最后的冲刺，将活动推向了高潮。

令人意想不到的是，活动还未结束，多个知名品牌和上市公司就被吸引而来，与我洽谈合作，我的营销策划费用一度被炒到了上百万元一单。两周时间很快过去，最终结果出炉，我为大排档创造的营业额高达112万元。此时，我的另外一场活动正在另一个城市开展。

大排档活动发生在河南郑州，接下来，让我们移步湖北武汉。

有一家叫波锅卤虾的龙虾餐饮企业在抖音上发布了一条百万重金悬赏营销策划高人的视频,引发热议,众多营销策划人摩拳擦掌,跃跃欲试。在众多的策划人之中,有一位策划人一路过关斩将,最终脱颖而出。他只用了一个方案,就征服了所有的股东。他结合当时的热点,设计出了"欧洲杯英格兰夺冠,波锅卤虾退全款"系列方案。首先,他推出诱惑力十足的欧洲杯夺冠优惠套餐,吸引球迷们的目光。其次,发布公告,承诺在欧洲杯期间,若英格兰队能够夺冠,即退还所有客人的消费款。这一公告像一颗重磅炸弹,引发了全城热议,大家都在讨论英格兰队究竟能否夺冠,万一夺冠,这家企业会不会"玩完"。再次,展开声势浩大的宣传,花车全城巡游,门店彩旗招展,营造出热闹的活动氛围。最后,他还请武汉的球迷吃一顿免费的龙虾大餐。这一切,他在抖音上全程记录。人们纷纷转发相关视频,沉浸在对这场活动的讨论之中。而英格兰队一路过关斩将,杀入了四强,夺冠概率越来越大,民众参与活动的热情也空前高涨,纷纷前往门店消费用餐。最终,英格兰队不负众望与意大利会师决赛,但遗憾落败,这家企业不用退还巨额消费款,人们都称赞这场活动背后的策划高手神机妙算。

　　1 个月的时间,7 个人的团队,一次精心的策划为波锅卤虾带来了 8000 万次的抖音曝光,抖音相关视频 1.6 万条,门店营收 2836 万元,品牌赞助费 680 万元,招商加盟 103 家店,每家店的加盟费用是 15.8 万元。这家龙虾企业的老板在抖音上迅速蹿红,让波锅卤虾这个品牌成为龙虾界的一匹黑马。当人们还在回味这个活动,觉得它巧妙至极的时候,大家不知道,这个活动出自我这位年轻的策划人之手。

　　这几年,营销界还有很多脍炙人口的案例,比如某眼科诊所"1

亿儿童视力告急"活动用 3 个月产生了 460 万元营业额，郑州银基动物王国用"百分少年直通车"活动引起了全城轰动，清远某景区用"网红打卡挑战赛"活动获得了线上门票收入 1000 多万元，还有走红神州大地的"孟婆汤"活动以及现象级营销品牌"答案茶"等 40 多个战绩显赫的案例。各位知道吗？这些案例皆出自一人之手。想必大家都已经猜到了，这个人，就是我，那个曾经负债累累的张一凡。

朋友们，转眼间我们在自媒体事件营销这个赛道上已经奋战了 4 年。这 4 年，我们一直在苦练"内功"，坚持我们的初心"千日闭关修炼，一朝蓄势亮剑"。从当初的负债累累到今天的邀约不断，这一路走来，要感谢大家对我们的支持与鼓励，使我们有了所向披靡的决心与勇气。

亲爱的朋友们，在即将结束本文的时候，我想起了我的央视前同事张泉灵女士曾经说过的一句话："当时代抛弃你时，连一声再见都不会跟你说。"所以，思路一变天地宽，我们要打破固有认知，砸碎传统理念，抢时间、抢人才、抢市场。

在这个瞬息万变的时代，在这个拼命学习才能不落后的时代，我坚信勇敢的人先享受世界，我们要马上行动起来，借事件营销的东风，展创业宏图，赢辉煌事业，谢谢大家！

思路一变天地宽，我们要打破固有认知，砸碎传统理念，抢时间、抢人才、抢市场。

一万个私域、千万级
变现背后的高客单打法

少帅

变现操盘手

多个头部 IP 的直播转化总顾问

带出数十个操盘手和转化型讲师

你好,我是少帅。

我有 14 年的创业经验,连续 3 次穿越商业周期,现在专注做高客单 IP 全案操盘。

我早期因为擅长做地推获客以及转化,联合英语名师成立了一家英语教培公司,并且用 3 年时间成为行业黑马,获得了新浪、网易等平台的年度教育盛典奖。后来,我帮助一个女性商业平台做线下的全案操盘,提升其整体转化率,被行业人士熟知,因此成为圈内高度认可的高客单成交 IP。

很多人明明很努力,但是一直没有成功的原因就是没有找到自己的核心优势和高价定位。我们给所有的 IP 和项目操盘时,要先找核心优势,然后找到高价定位。再做项目的操盘落地,这样成功率就很高。

高客单变现的底层逻辑是什么?什么样的人能做高客单?什么样的企业能做高客单?我分享三个核心干货。

第一,想要为用户提供深度解决方案。其实高客单并不是单纯的价格高,而是为用户提供深度解决方案,帮助用户拿到成果,比如我们操盘的视力保护项目,不是简单地卖视力保护设备,而是为用户提供解决方案——怎么才能保护眼睛,这样跟用户关系近、效果好,且能够在一开始就获得高利润!

第二,让用户验货。其实很多人对于销售的误解很深,以为销售就是推销商品，其实真正的高客单成交注重的是用户的体验和对项目或者课程进行验货。如果让用户能够在一开始就有美好的体验，那么高客单用户自然而然会有选择你的意向。

第三，高客单成交一定要有厉害的帮手，比如海峰老师做"大事件"的时候，很多厉害的 IP 与他连麦助力。

说到这里，可能你会问为什么要做高客单，而不是低客单？第一，低客单需要不断地引流获客，需要很强的运营能力；第二，高客单小而美，利润高。

我出身草根，三落三起，一路逆袭，最大的感触就是这个世界会奖赏努力的人，只要你的方向、方法正确，带着热爱出发，创业成功不过是时间问题！

我出身草根，三落三起，一路逆袭，最大的感触就是这个世界会奖赏努力的人，只要你的方向、方法正确，带着热爱出发，创业成功不过是时间问题！

从小山村走出来的我，
凭借内容实现人生逆袭

王校长

高途课堂前操盘手
博商特邀销转课导师
服务过肖厂长、董十一等

01 从湖南乡村到北京

湖南伢子的逆袭密码

我出生在湖南省衡阳县一个穷苦的小山村，距离镇上有 10 里地。

从小没有吃过火龙果和山竹的我知道：读书是我人生唯一的出路。

2011 年夏天，湖南衡阳某中学高三复读班的墙上，歪歪扭扭地刻着"中国人民大学"六个字，那是时年 19 岁的我用涂改液写下的目标。第一次高考失利后，我拔掉了电话卡，摔碎了手机，把扔掉的书捡回来复读，终于在第二次高考后挤进福建师范大学。虽然是一个普通一本学校，但是我知道，我终于可以到能吃到肯德基的地方上学了。

复读教会我一个道理：普通人想赢，就得学会把自己抻成牛皮筋——要么被现实压垮，要么弹向更高处。

高途淬炼

毕业一年后，我终于去了梦寐以求的北京。

2017 年，我入职高途。后来我才知道，这是我人生最重要的决定之一。这家公司用 5 年就在美股上市，即使浑水等公司十几次做空，高途依然坚挺，巅峰时期市值超过 100 亿美金。

为了提高自己的销售能力，我博览群书，学习各种销售和讲课技巧，我知道教培行业的销售不能只会卖课，更重要的是要懂课。

我做的第一个爆款是把传统试听课改造成"学员试听＋家长诊断"的模式，这成为后来磨课的范式，被无数同行争相模仿。

我的"封神"战役是为胡涛老师操盘，巅峰时期全年有超过 8 位数的营收，我独创的"销转 9 步法"被行业人士广为传播。

2021 年元宵夜，我的"打造年营收过亿的在线大班课"课程上线 48 小时，后台涌入 700 多个教培老板的订单。这是我做的第一个课程，那时，我才知道，原来我的内容那么值钱。

那时候，买我课的人都是在教培机构职位为总监级以上的人。后来我跟有 3000 万粉丝的肖厂长见面，才知道他把我的课看了三遍，而且打印成逐字稿。他自己又看了三遍，还将其作为团队内部培训的材料。

我深刻地明白了：真正的好内容，不愁卖。

02 "双减"寒冬后的觉醒：一个人就是一支军队

2021 年教培寒冬来临，行业内有人卖房抵债，有人转型做微商。

我骑摩托车环游中国，走过祖国的千山万水，我才发现，原来我还是热爱讲台。

2023 年，我带着小团队，在北京这个我梦想开始的地方点燃火把，重新创业。我帮助国学与商业 IP 杨伟娜设计出了 16 万元的高客单产品，陪肖厂长打磨 22 个版本的逐字稿，创造了 1000 万元的发售业绩。帮助学员紫龙设计了一套内容体系，成功变现近千万元。

我想说：不是用户不想买东西，而是你低估了销转系统的魔力。

03 核心方法论：年营收千万元 IP 的基因图谱

IP 公开课黄金公式

痛点×剖析×方案×干货×卖课（货）＝自动成交

痛点：跟用户必须深刻关联，直击痛点。

剖析：提供一个完全出人意料的视角。

方案：提供一个无法拒绝的方案。

干货：提供足够多的干货。

卖课（货）：用限时限量的原则把稀缺性体现出来，尽早成交。

注意，这五个因子一环套一环。没有痛点，用户觉得跟他无关。没有剖析，用户觉得没什么差别。没有方案，用户觉得不知道买什么。没有干货，用户不认为老师很厉害。没有限时限量地卖课（货），用户不认为当下就要下单。

价值千万元的演讲成交系统

系统拆解：

开场：用"三痛三怕三要"公式挖掘问题（留存率 93％）。

中盘：穿插 3 个学员逆袭案例，并即时答疑（转化率提升 58％）。

终局："限时阶梯涨价＋社群追单"组合拳（追单转化率 41％）。

"印钞机课程"的 9 个步骤：

第一阶段：导入篇（1.温馨暖场，2.权威铺垫，3.课程导入）

第二阶段：干货篇（4.痛点挖掘，5.介绍方法，6.连续验证）

第三阶段：卖货篇（7.消除顾虑，8.说明价值，9.后续收尾）

我们用这套系统帮助了肖厂长和同城流量赛道的董十一老师。

04 教培人的诺亚方舟船票

接下来介绍我最重要的产品：销转宗师班。

适用对象：渴望突破营收瓶颈的知识 IP，教培机构转型操盘手，想要提高销售能力的老板或者想用销售技术改变自己的普通人。

课程亮点：深度剖析销转的底层逻辑，提供提高变现效率的心法和案例实操拆解，现场重新定位产品并提供销转实操打法。

交付清单：17 节销转底层逻辑课（含从未公开过的案例），3 大高转化公开课模板（可直接套用），1 套自动化追单标准作业程序（含市值百亿美金公司的话术包）。

准入条件：年营收 500 万元以上，通过销转压力测试（淘汰率 67%）。

05 万亿级市场的摆渡人

如果你正经历这些：有私域但不知道怎么变现；用户夸你的课程好，但就是不付款；天天因为流量焦虑到失眠。

这些说明你只是缺少一套经过验证的销转系统。流量会消失，算法会变迁，但人类对好内容的需求永不消亡。现在，是时候让知识的价值被全世界看见了。

我深刻地明白了：真正的好内容，不愁卖。

直播女王：

公域直播吸引流量，

私域直播销售产品

上海滩帆总

直播女王

企业线上营销转型领路人

2021 年福布斯中国 U30 榜最年轻上榜者

你好，我是上海滩帆总，25 岁为团队分红 5000 万元的直播女王。

大家认识我，几乎都是因为我从 20 岁那年（2016 年）就开始做新媒体公司。在 20—30 岁这 10 年间，我利用 5 个新媒体平台（微博、公众号、抖音、视频号、小红书），抓住了风口。

那抓住新媒体平台风口的标准是什么呢？不是你的知名度，不是你的粉丝数，也不是爆款产品数量、作品长度……抓住风口的唯一标准是你用这些平台取得了商业的成功——充分变现。

我一直觉得自己赚到钱不算本事，"仅仅自己挣到钱"意味着我可能是个普通的有钱人，而带着信任我、跟随我的人一起拿到成果，才是归宿。

自媒体赚钱的方法太多了：卖广告（to B）、卖课程（to C）、卖咨询内容、做操盘手……而交付给客户的方式也多种多样：公众号文章、小红书图文、抖音短视频、各平台直播……每种方式的前缀代表平台（比如微博、小红书、公众号、视频号、抖音等），后缀代表具体形式（比如长文章、短图文、短视频、电商直播、卖课直播、客资投流），加起来有 30 种以上的搭配方式，所以，自媒体的变现方式是很多元的。

后疫情时代，大家都深刻地认识到自媒体的重要性，但大多数人不知道要从哪里入局自媒体，我来给大家提供一些方法。

01 理解商业 3 大竞争力，就能进行战略布局

商业有 3 大竞争力：流量、销售、产品交付。现在的产品交付都做得不错，流量和销售成了稀缺品，而公域直播能解决流量问题，私域直播能解决销售问题，所以一定要成为不受制约的流量王＋爆单王。

02 分清公域直播和私域直播

大家知道公域直播和私域直播的区别吗？前者吸引流量，后者销售产品。

如果你在抖音等平台公开做直播，吸引的几乎都是新粉。在这种公域平台，用户形成了一种习惯，就是消费时以买几十上百元的消费品为主，不太可能会买高客单产品。公域的核心是什么？流量。你直播获得这些流量之后，要让这些流量汇入你的私域（比如微信）里来。

那为什么私域直播是销售产品呢？

一种典型的私域直播方式是在腾讯会议里直播。私域直播的特征是用户必须进入主播的社群，被社群的文化影响。

将用户从公域引入私域，其实是在改变用户的认知。你有时间了，组织你的私域粉丝，建一个群，在腾讯会议里做一次直播，这就是你做私域直播的能力。

03 公域直播如何引流？

公域直播，以抖音为例，两大重要的引流方法是什么？

这个部分大家看一下就好，因为抖音引流有难度、有门槛。

抖音有两种主要的引流方式。

第一种是从直播间导流到粉丝群。它的难点是引导进群的钩子、礼物这些东西。吸引用户加入粉丝群之后，你要通过拆解的方式把你的微信号发出来，看到微信号的用户愿意添加你，那就引流成功。

第二种引流方式，其实是挂我们所说的小雪花和小黄车。用户点击链接之后，虽然我们是卖虚拟产品的商家，但我们也会给用户寄一点东西，比如实操手册。这样，只要用户下单，我们就会获得他们的手机号，我们用短信自动收发系统给用户发一条短信，告诉用户可以添加我们的微信，然后获得什么东西，例如辅导员、老板本人的亲自指点等等。这条短信里要放一个链接，植入跳转到微信的小程序。用户点了这个链接，就进入我们的微信对话框了，我们把自己的商家二维码放在对话框里，用户扫码就能添加我们为好友（前面的微信对话框是指进入微信 App，等用户扫了我们的二维码后，才能添加好友）。

因为抖音流量大，竞争对手太多，所以不建议新人入局。目前对新人最友好的公域直播平台是视频号。

为什么？因为在视频号里，你花 100 块钱买一点微信豆投流，就可能有大回报。更重要的一点是，视频号非常鼓励你将流量导流到微信，因为视频号本身是微信的一部分。

那么，在微信视频号里做公域直播，方法是什么？准备一个5块钱或更贵的引流品，卖爆就行了。为什么是5块钱或更贵呢？因为视频号最新的规则是，如果你批量销售5块钱以下的产品，就会被视频号认定为恶性引流，无法通过审核。

04 私域直播如何卖得好？

私域直播的成交逻辑是：第一，私域意味着我们和用户能够双向触达。第二，双向触达就意味着有更强的信任感。第三，更强的信任感有利于高客单价产品的成交。

私域直播让我们私域里的用户都进到我们腾讯会议的直播间里去，听我们的价值主张。用户越能多次听到我们的价值主张和完整的产品介绍，他们就越有可能为我们的产品买单。

实体店老板适合通过私域直播卖模式，举个例子，如果你要买一个瑞幸咖啡门店的加盟权，只有瑞幸咖啡总部的老板才能卖给你，收你加盟费。很多人不是开实体店的，没有实际的生意，那么适合卖什么？卖私董、卖课、卖社群。

我用我的产品给大家举一个例子。我的产品包括12800元的线下课、15万元的半年私教、预付100万元起做全案。15万元以下只有一个产品，就是12800元的线下课；15万元的私教是我花半年时间一对一地陪用户；100万元起做全案是我做一个全案的操盘，保证用户有多少营收。

知识和咨询从业者将这种商业模式叫作教、带、帮。

教就是把课讲给用户听。比如说我的线下课持续三天三夜，我把直播全套的方法论教给用户。

比教更深一步的是带。带的核心是陪伴，就是我一对一地陪你。不仅教你做，还陪你做，你做了直播之后，我帮你复盘，告诉你哪里可以做得更好。跟你一对一地聊天，一对一地帮你找定位，一对一地帮你做方案。

帮有另一个说法叫替你做。用户不用自己动手，我来干这件事，比如我最早服务的用户叫 Spenser，为了拉近他和读者的关系，我帮他取了一个昵称为 S 叔，我来写内容帮他涨粉，帮他变现，在用户留言区与用户互动帮他立人设。

05 私域直播跟公域直播操作的不同

对于 0 粉开播的小白来说，如果你做私域直播，请注意：私域直播是要拉长时长的，用户人均停留在直播间的时间越长越好，我们要让用户不经意间完整地听 3 遍及以上我们的内容。所以我们一轮直播就要持续十天左右，同一段话要翻来覆去地跟用户说。

我们做公域直播的时候，在乎的就不是时长了！因为对于不是大 V 的我们来说，公域直播最重要的目的是让更多的新流量进来我们的直播间，让没有看过我们直播的人进来，并且在最短的时间内引导他们进入我们的私域。所以，当你做公域直播的时候，你应当关注：有多少人同时在线？有多少新流量进来？有多少非粉丝团的流量进来？

06 结语

20 岁刚创业那年，我渴望有最好的办公室，渴望有一支规模庞大的团队，后来靠自媒体赚了 5000 万元，解散了一次团队后，我才知道小团队是多么可爱：既保留了团队的协同效应，又不用为面子站台。

　　这些年，我接受了自己确实擅长做生意的优点，不再因为别人说我是生意人而难过。

　　我的体会还有很多，这次篇幅有限，以后再表！

将用户从公域引入私域，其实是在改变用户的认知。

从线下实体店濒临倒闭，
到用1年时间在视频号获得
1000万元成交总额的破局之路

郭琳

财鸟咨询创始人兼 CEO

千万级 IP 操盘手

百倍获客研习社主理人

我是破局手郭琳，十年线下实体教培机构的老板。疫情期间，我的店差点关门。这几年，我为了让我的店在线上成功运营，上了各种课，找过代运营，结果没成功。

最近半年，我们团队摸索出了一套"0 投放 0 私域，每月稳定 3000 万次曝光"的短视频获客模型，完成了从 0 到 1000 万元成交总额的逆势增长。

大部分老板之所以不能在线上获客，主要有三个原因：第一，流量不稳定；第二，IP 表现力不行；第三，团队操盘手不行，产能低。今天我给你讲透我们这套短视频获客模型的底层方法论，应该会对你有所启发。

很多老板做短视频时，最大的误区就是把自己当作一个内容创作者，去学表达、学写文案、学做选题，但是老板不是专业做内容的人，再怎么努力，都不太可能做到九十分。我曾经和有上亿粉丝的 MCN 公司老板交流过，人家做内容的都是干了十几年的编导，一般人很难比得过在这个领域深耕了十几年的编导。

那我们的优势是什么呢？

我们懂自己的生意。我们一定懂自己的赛道，因为这是我们很熟悉的领域。

我们还有创业经历。在从 0 到 1 创业的过程中，必须具备的经营思维、商业思维、闭环思维，这些我们都有。

我们还肯定懂自己的客户，知道讲什么话，客户才愿意买单。

我们现在要做的，就是把原来的优势用到新的战场上，用到短视频上，需要学习的是关于短视频的呈现和传播逻辑的知识。

短视频获客的方法，大致分为打造三种类型的号：品牌号、创始人 IP 号、获客号。

打造品牌号是最传统的方法,可以增强背书和信任,但是很难在公域产生影响,而且拍摄成本是比较高的。

打造创始人 IP 号的做法是先把人带火,再带货。首先,需要大曝光和做大号。在 IP 和操盘手都很强的情况下,花 3—6 个月,有一定的成功概率。起号成功后,才能开始变现。采用这种方法,可能有 6 个月是只有投入的,而且打造 IP 的难度系数很高,大概只有千分之一的成功概率。这种方法的优点是一旦成功,效益不错。

打造获客号是离变现最短的路径。打造获客号的底层逻辑不是做大号,而是看重单条短视频的获客量。一条短视频火爆之后,其他账号复制,提高获取客户的效率。这种打法需要在私域构建强人设。

看完以上三种方法,你觉得哪一种更适合你呢?

如果你的目标是变现,你就需要每个月都有稳定的客资,需要更短的变现路径,这些无疑都是获客号的优势。定好目标后,核心就是抓两个要素:一个是胜率,一个是效率。

胜率是确保我们有稳定的客资,效率意味着最大程度上的降本增效。

如果没有稳定客资,我们就不可能有稳定的现金流。没有稳定的现金流,我们肯定会十分焦虑,因为很多成本是固定的。

如果团队的内容生产效率低,就意味着我们需要加更多的人

手，才能满足我们前端的需求。而加人手就会压缩我们的利润，还会带来管理上的熵增。

怎么提高胜率呢？有两个抓手。

第一个是找到可复制的爆款，重复利用，换服装、换场景，反复拍、反复发，不断涨粉，把一条爆款变成十条爆款、一百条爆款。

第二个是用多号模型替换单号模型，提高对抗风险的能力。因为每一个账号会有不同的权重，账号标签有可能有差别，流量本身具备不确定性，再加上平台规则所导致的限流和封号等风险，所以最好的方式就是用多个账号去对抗这些风险。

那当你需要做多号模型的时候，就意味着你需要更多的内容来支撑。如果你以前做 1 个账号就要 2 个人，那 10 个账号就需要 20 个人，成本太高了，很难有利润。所以，最好的解题思路是在人力不变的情况下，利用杠杆提升内容生产效率。

我总结出了如下五大杠杆：

爆款杠杆：实现每月稳定有 3000 万次的曝光量，做有结果的爆款。

拍摄杠杆：实现 1 天拍 1000 条视频，你不一定要出镜。

剪辑杠杆：实现只需 1 个应届毕业生剪辑，1 天剪 100—300 条短视频。

运营杠杆：实现 1 个人管理 15—20 个账号，每月引流 1000 个粉丝。

团队杠杆：实现使用 1 套引流模式，只需要设置 1 个剪辑手岗位就够了。

这五个杠杆，我统称为矩阵杠杆，是我从 0 起盘，一步步总结出来的核心方法。而引爆我业绩的，还有一个杠杆，叫**联盟杠杆**。

我在2023年11月起盘，3个月后跟肖厂长合作，就完成了单场一百多万元总成交额的发售会。我发现，联盟杠杆是从1到10快速扩大和发展的关键，里面包含三大价值：势能力、成交力、流量力。

联盟杠杆可以带来矩阵杠杆最缺的势能，通过联盟成员的助力，做产品拼盘，再通过活动促销，把产值一下子拉起来。比如说我的打法是短视频矩阵获客，而联盟的打法是私域成交发售，它正好跟我的打法形成互补。在联盟圈搞活动，可以带动更多IP的私域流量，帮助我在短时间内通过一场活动拉新5000多人。

但是，联盟杠杆的打法有一个问题是打法的同质化会导致粉丝脱敏效应。尤其是在2024年末，各大IP生态圈的高频营销作战，把战况推到了白热化的状态。

基于2025年的竞争环境，我提出了跳出内卷的解题思路：情绪杠杆。

在功能价值卷到头的当下，千人千面的情绪价值将成为2025年不一样的解题思路。因为功能价值竞争到最后，就是更便宜、更高效。在这种竞争压力之下，很多人的生存空间被压缩得越来越小。

总而言之，我想告诉所有的老板，想把短视频做起来，一定要有自己的流量认知。

如果你想了解我们完整的操盘底层逻辑和细节；或者你是有项目的老板、创始人，想要跟我交流；再或者你是操盘手，想寻找一个技能变现的方向，欢迎联系我。

总而言之，我想告诉所有的老板，想把短视频做起来，一定要有自己的流量认知。

从月薪1500元到年营收
上千万元，我如何靠
成交成为"签单女王"？

new 姐

成交实战专家
直播达人
"new 姐讲成交"主理人

你好，我是 new 姐，"90 后"。我是一个河南的小镇姑娘，现在是一名 IP 创业者、教培公司创始人。

22 岁时，我大学毕业。之后我用 3 年时间从一名一线销售干到销售总监，巅峰时期为公司创造的营收超千万元，年度操盘金额达 3 个亿。

2022 年遭遇"双减"，我从零开始在抖音创业，加入"销售成交"赛道。不到一年的时间，我在全网有 50 万名粉丝，成为小红书头部博主。我的学员遍布全国 385 个城市，从事不同行业，如保险、美业、装修、养生、教培、软件、金融……

2025 年是我 IP 创业的第 3 年。我将把我这一路走来，从月薪 1500 元的职场打工人到年营收超千万元的创业老板背后的核心秘籍分享给你。

01 从月薪 1500 元到年营收超千万元，我做对了什么？

我出生在河南南阳的一个农村家庭，父母为了生计，做点小生意，从小我就被放养，这养成了我独立、叛逆的性格。

高三时，我患上焦虑症，休学了一段时间，差点与大学失之交臂。大学期间，我遇到了人生中第一位影响我至深的人——学长田硕。他说，做销售能赚大钱，他就靠做课程顾问，一个月赚了三四万元。当时他的这番话在我心中种下了一颗种子，我认识到原来销售可以赚到钱。于是，在我毕业后找实习工作时，我不顾父母的反对，入职当地一家教培机构，做起了课程顾问。因为没钱，我只能租住在十几平方米的地下室，每个月 1500 元的工资，到手不足 1000 元。

没想到，痛苦的生活才刚刚开始……

每天从早上 9 点到晚上 11 点,我要打 200 个电话,电话基本都被对方挂断,一个客户也没有。没有思路,不知道错在哪儿,说不沮丧是假的,但是越有挑战,我越要往前冲。

随后,我发现"模仿"是最快的成功路径,我把其他成绩优秀的同事与客户交谈的录音下载下来,逐句地拆解,学习如何和客户沟通。就一段 10 分钟的录音,我写了 2 万字的复盘笔记。我的手机备忘录里,写了各种谈单技能、谈单的练习方法以及每天要做的事,每天晚上学到一两点,做梦都在追着客户刷卡签字。

终于,皇天不负有心人,一个月之后,在平均客单 2 万元的公司里,我拿下了人生第一个大单——12 万元,在公司一举成名,随后我更是成为公司的销冠,巅峰期为公司创造了 50% 的业绩。

我把我的谈单话术分享给同事,没想到很好用,大家纷纷开单。这意外发掘了我的第二天赋——销售成交培训能力。

我把我的客户资源管理、破冰、关系建立、信息搜集、需求分析、谈单、推单经验进行整合,总结出了一套标准流程"签单 6 步成交法",带来了意想不到的效果。我发现,原来教别人可以这么快乐。随后,我开始带领团队,并把这套方法教给团队成员,我们团队的月均营收破了百万元,年营收做到上千万元。

然而,教培行业遭遇"双减",我选择了"裸辞"。

02 "裸辞"创业，靠着销售技能跻身全网成交类目前 3

2022 年初，我甚至没有领最后一个月的工资，直接"裸辞"，离开了我奋斗 5 年的地方。

就在这个时候，我遇到了人生中第二个对我影响至深的人，他是我创业路上的贵人、启蒙导师——壮哥。和壮哥的相识，打开了我创业的大门。

2022 年 2 月 15 日，我开启了我的直播首秀，靠着一份 PPT，凭着过往的成交技能，发布了第一个产品"销冠成交训练营"。没想到，在只有十几个人的直播间，当晚就成交了一单！这意味着我通过直播打通了整个成交闭环。随后第一个月，我顺利招募了 30 多个学员，并开了第一期销冠成交训练营。

创业第三个月，我用"成交思维"赚到了人生第一个 100 万元。

随后 1 年多的时间里，我每晚直播，很快直播超过 300 场，带了十五六期训练营。我还去全国各地学习，每天不知疲倦。

创业 3 年以来，我直播 800 多场，高峰时期我的直播间有千人在线。我的"销冠成交训练营"培训了 10000 多名学员。这一路走来，我发现：掌握任何一门核心技能，都可以改变命运，而成交技能是人人必学的核心技能。

03 关于成交的认知误区

成交是逻辑问题，讲究的是遵循规律。很多人逻辑混乱，自然无法与客户成交。甚至有人花了好几万元报了大量课程，研究各种话术,不见成效。话术千变万化,只有掌握背后的销售逻辑,才能在各种销售场景中见招拆招。很多销售没有掌握销售逻辑。从破冰到建立信任,到发掘需求,到传递价值,再到推单,按照销售逻辑进行才有可能成交。

成交要素包括:信任、需求、价值、方案、异议、成交。 就像我们去医院看病,很多人会优先选择专家号,因为信任;医生开方子,这是提供解决方案。

成交必须达成客户的目标,为其消除担忧。

04 写在最后

如果你想破解短视频成交、直播成交、引流成交的核心密码,欢迎联系我,我们一起在通向成功的路上越走越远。

成交是逻辑问题，讲究
的是遵循规律。

—

如何利用流量
建立商业帝国？

梁欢欢

流量女王，全网商业粉丝有 200 万

创立了 3 个品牌

2022 胡润 U30 创业先锋

我叫梁欢欢，"95 后"创业者，全网商业粉丝有 200 万人，MCN（多频道网络）机构旗下网红超过 3000 人，旗下护肤品品牌用户有 56 万人，大健康品牌实体门店超过 300 家。创业 8 年，从人生低谷到走向顶峰，从一个人摸索到公司旗下有几千个网红，我想是因为我做对了这件事：流量和商业两手抓！

01 2018年——"短视频小仙女"赚到了流量变现的第一桶金

我在 2017 年底开始做短视频，2018 年开始正式做内容，创立了第一个账号"短视频小仙女"，短短几个月涨粉 13 万人。那时候，没有多少人思考流量怎么变现，抖音的主要内容是唱歌、跳舞的搞怪视频，但我一直在想流量究竟要怎么变现。

后来，我就发现，很多人在问我如何做自媒体，如何拍摄和剪辑视频。没错，2018 年还没有剪映，大家只能用复杂的 Pr 软件剪辑。很多人还不了解怎么拍视频，怎么才能把自己想表达的内容用画面、声音相结合的形式表达出来。一个反转字幕的剪辑软件，就可以带来数百万次点赞。这个世界的人与人之间有巨大的信息差。我开始将公域流量引流到微信，积累私域粉丝。每天都有上百人加我，主动在朋友圈的评论区、发私信联系我，我几乎不用说什么就有人买课，因为首先嗅到商机的人迫切地想要打破信息差。这样的状况怕是再也不会出现了。这就是抢占先机，所以这件事给我的启发是不要拒绝尝试任何自己感兴趣的新鲜事物，先开始做，再慢慢完善！对新鲜事物保持足够的热情，才能对商业保持足够的敏感。这是我用流量变现赚的第一桶金，我隐隐约约领悟到了有流量的地方就有生意，明白了"得流量者得天下"！

02 2019年——创立 MCN，持续吸引流量

2019 年，很多人通过各种关系找到我，想让我们团队为他们从内容策划到拍摄进行整体打造，我看到了打造超级 IP 的机会，于是把业务从简单的培训升级为 IP 打造。

我们打造了很多 IP：超级买手 X 某某——2 周涨粉过百万，吃货老 X 么么哒——成为农村美食夫妻"天花板"，A 迪的 X 修日记——写高端装修日记的开创性 IP，K 尔鸽业——从创始人 IP 到直播间搭建，直播间一天有几十万元的销售额，将品牌影响力做到行业头部……还有我的抖音号——梁欢欢，发布了"凌晨的北京"、诈骗系列、欢遇记等爆款内容。

这是我最累的一年，每天一睁眼就是看各个拍摄场景。省钱最好的办法就是一个场地拍多个视频，搭建不同的场景，请专业的化妆师，把控细节。当时只考虑画面呈现效果，现在看来，当时为什么能打造那么多火爆的 IP，其实是因为掌握了场景、人物、内容这三大流量密码！

掌握了流量密码，我们的成功案例越来越多，被吸引来的签约者也越来越多，正当我以为我们要彻底爆发的时候，却不知道危险在悄然逼近。

03 2020 年——疫情来临，被迫探索商业模式，创立国货品牌，销售业绩过亿元

在团队规模越来越大的时候，疫情的到来给一切按下了暂停键。广告数量骤减、网红无法外出拍摄，大家都陷入深深的迷茫。拍不出好作品、接不到好广告无疑是网红和 MCN 的死穴，一些网红慢慢坚持不住了，他们纷纷解约或转行，压抑的氛围像无形的毒气一样在公司蔓延开来，我一次又一次地失眠。我知道，只有更好的商业模式才能带所有人走出困境，于是，我放手一搏，拿出所有的积蓄——200 万元作为启动资金，研发了一个新国货品牌——科陌颜。

为了用比较好的原料，光膜布我们就看了上百款。为了研发出一款好产品，我成立合作研发实验室，经历了十几次打样，去工厂盯生产，学习突破，忙得不可开交！

产品出来了，如何打开销路呢？这就回到了我们的优势——做短视频直播。

借助我的创始人 IP——梁欢欢，我们积累了第一批种子用户和渠道商，并且开创了独有的流量体系、销售体系、商学院体系。每个网红都能卖我们的产品，我们公域私域一起运营，并且消费者买产品，我们送课程，一时间在业内掀起了一波浪潮。真正融合了流量和商业，流量与商业深度捆绑，商业又具有可持续性，于是品牌发展得越来越好，购买产品的粉丝沉淀到了私域。

04 2021 年到 2022 年，品牌蓬勃发展，流量和商业的威力发挥到极致

品牌能够迅速发展，总结起来，是因为我们做了如下几个关键

动作。

打造创始人 IP——梁欢欢

在打造 IP 的前期，我持续发视频更新进度，吸引了一批铁粉，打造了品牌势能，完成了冷启动。

打造合伙人模式，建立合伙人商学院

我们建立了合伙人体系，培养每一个合伙人吸引流量的能力、销售能力、直播能力，让品牌快速裂变。我们的网红比普通网红更会销售，有更多变现方式，又比传统的销售更有影响力，能够辐射更多消费者。

素人—网红—合伙人—裂变，我把做流量商业的能力复制到了多个个体上。

2021 年带领网红入局视频号，打造六大人设，找到流量密码，成为视频号头部 MCN 机构

视频号刚推出的时候，我被邀请成为全国首批内测的用户，仅靠发视频存货，播放量轻松过万。兴奋之余，我猛然意识到视频号可能会成为继抖音后又一个巨大的流量平台，便带着我们的网红入局视频号，最终我们靠着自己的短视频流量能力、网红的基础，快速成长为视频号的头部 MCN 机构。这又一次让我意识到，新鲜事物出现的时候，一定要以最快的速度去体验。

定期的市场节奏，线上线下相结合

单靠线上教学是很难打造超级 IP 的，所以我们只要能开课，每

一两个月就会开一次线下课，而且只要是我们的合伙人，都可以不交学费、反复学习。公司在人才培养上是投入了大量的人力、物力、财力的，我一直都相信人才是需要培养和提供机会的。

把控好产品品质，打造品牌影响力

在互联网时代，没有不透风的墙，无论做什么产品，口碑都是极其重要的。一定要做好品质的把控，打造好口碑。

05 2023 年，创办实体品牌，全国开设 300 家门店

我非常看好大健康品牌的发展，于是鼓起勇气开设了大健康实体门店。这一次，我选拔了第一批想开实体店的优秀的网红，开设了第一批实体门店。我们的网红因为做过短视频直播，具备一定的吸引流量的能力：在门店装修期间，我们选的门店老板就开始打造实体店老板 IP。门店还没开业，想要关注、了解、体验的粉丝就积累了上百人。开业后，反响非常好。

原来实体店＋老板个人 IP，才是高客单门店的成功法宝！凭借着对于流量和商业的不断探索以及实践经验，我们又开始了新征程。2024 年，我们在唐山创办了一个实用面积 6000 多平方米的基地，开创火酷传媒，为新时代想要流量和商业的创业者提供一个平台。基地业务如下。

(1) 视频号六大热门技术培训——我们总结了视频号六大热门技术，培训实体店老板等想要在视频号打造人设的人，目前成功率达到 90%。

(2) 视频号直播带货培训——我们网红视频号直播带货的数据

非常好。视频号用户相对来说年龄较大,35 岁以上的人群居多,所以客单价比较高。

(3)基地创业——如果你有好的项目,已经完成了 0-1,那么来到基地,我们可以帮助你完成 1-10、10-100 的增长,赋能团队,合作共赢。

基地是一次大的投入,我相信,这是能够穿越商业周期,把流量和商业平台化的战略尝试。

穿越商业周期,抵御流量带来的风险,将流量和商业的价值发挥出来,是极为重要和关键的。如果你也对这个时代的商业充满探索精神,那我们一定会在某个时间相遇。

在互联网时代，没有不透风的墙，无论做什么产品，口碑都是极其重要的。一定要做好品质的把控，打造好口碑。

我30年的人生，为何配得上15万元/天的报价单

吴思晓

湃青年教育科技、心湃智能创始人
安踏、九牧、百威等知名企业 AI 特聘专家

我是吴思晓，一个在 AI 赛道上奔跑了三年的创业者。

很多人认识我，是从我的报价单开始的——15 万元/天的报价单。在企业培训这个行业，当大多数 AI 企培老师的课酬还是几千元时，我的报价单显得有些扎眼，甚至疯狂。大部分人都会在心里发问："晓晓老师，你凭什么？"

凭 AI 的火热风口？凭我服务过 20 多家世界 500 强企业的履历？还是凭我是阿里巴巴、钉钉等企业 AI 咨询与培训服务商的背书？都不是。

今天，我想和你分享答案，关于一个普通女性创业者如何将自己的人生经历锻造成坚不可摧的信任状，如何将所有的伤疤与勋章都刻进自己的报价单里的答案。**因为我发现，商业合作走到最后，最高级别的成交从来都不是技巧、话术，而是你的人设——那个由你的真实经历、关键选择和底层价值观共同铸就的独一无二的你。**

这是一个关于人设如何成为我的核心产品的故事。

01 人设的底色：那些杀不死我的，都成了我的报价

2015 年的夏天，我的人生因一纸诊断书发生了改变。医生告诉我，我的父亲患上了罕见癌症，可能只剩下三个月的时间了。那一刻，我感觉整个世界都变成了黑白色。我是独生女，是妈妈的依靠，也是家里的经济支柱。我告诉自己，不能倒下。

接下来的五年，是一场与死神的漫长博弈。为了支付几百万元的天价医疗费，我的生活被按下了加速键。白天，我是公司里全力以赴的业务骨干；晚上和周末，我疯狂地接外包项目，每天只睡三四个小时，像一个永不疲倦的陀螺。令我欣慰的是，父亲所有的治疗费用都来自我的多份收入，没有一分钱外债。

这段经历，像一把锋利的刻刀，在我生命里刻下了两道最深的印记。

第一道印记让我彻底明白了，依靠死工资，永远无法抵御人生中可能发生的重大风险。成年人对家人最大的爱，是面对大额医疗账单时，有毫不犹豫签字的底气。这种底气，来自借助杠杆之力快速积累的财富。

第二道印记是极限压力锤炼出来的决策力。每一次化疗方案的选择，都像在剪一颗定时炸弹的引线，红线还是黄线？剪错了，就是我父亲的命。我压抑不安的情绪，在最短的时间内权衡利弊，做出最理性的判断。

那场长达五年的战斗，最终还是迎来了告别的时刻。但它留给我的远不止伤痛。它教会我，生死之外，都是擦伤。它更教会我一个构建价值的底层逻辑：一个问题造成的痛苦有多深，解决这个问题的价值就有多大。所以当有人问我 15 万元一天的咨询费是不是太贵了，我心里会想：如果我的经验能够帮助一个企业在生死攸关的转型期做出正确的决策，避免上百万元的损失，或者抓住价值千万元的机遇，那它还贵吗？

我卖的从来不只是 AI 相关的知识，更是能够穿越商业周期、抗击风险的确定性。而这份确定性的底气，源自我人生最黑暗的那五年。那些杀不死我的，最终都成了我报价单上最浓厚的底色。

02 人设的构建：从千锤百炼到一鸣惊人

那五年的煎熬，不仅塑造了我的底色，更给了我一个从 0 到 1 构建价值的能力。我明白，一个强大的人设，如同一个强韧的生命，不是凭空出现的，而是需要精心、刻意地去打造。

第一步：内核打造——用"扎根一线"代替"纸上谈兵"

在 AI 创业初期，我和团队挤在一个 40 平方米的小工作室里。我知道，人设不只是包装，如果没有真才实学的内核，一切都是空中楼阁。为了让"AI 实战专家"这个标签名副其实，我近乎偏执地投入时间和精力去打造。

我不满足于看报告和资讯，而是亲自下场测试每一个新的 AI 工具，思考它们与业务结合的每一种可能性。为了帮一家传统制造企业解决效率问题，我曾连续三天住在工厂，从早到晚跟进生产线，只为真正理解其业务流程和痛点。

正是这种"深入一线，实战为王"的笨功夫，让我积累了大量鲜活的案例。我们服务的企业从小微团队，到安踏、九牧、百威这样的世界 500 强公司和上市公司。我们的办公室从 40 平方米到 100 平方米，再到 500 多平方米。这一切，都建立在为客户创造真实价值的坚实内核之上。

第二步：差异化定位——不做专家，做客户背靠背的战友

AI 赛道从不缺乏技术大咖和理论专家。我清醒地认识到，如果我去拼技术深度，我不是最强的，我的优势在于我懂商业，我懂老板

们在焦虑什么。老板们不需要一个满口算法、模型的教授，而是需要一个能给出可以落地的打法、带来实际增长的战友，于是，我将自己定位为"AI 商业落地实战导师"。

在一次 500 人的企业家论坛上，当其他嘉宾还在讲解大模型的技术原理时，我直接跳过理论，分享了 10 个我的学员用 AI 搞定流量和销量的真实故事。演讲结束后，台下有超过 50 位企业家涌过来加我微信，其中好几位当场就向我预约了咨询。那一刻，我明白，我找对了打法。在专家扎堆的地方，"能解决问题"就是最大的差异。

第三步：系统化输出——让"一致性"成为信任的代名词

人设的力量，来自持续、一致的表达。我为自己建立了内容输出体系，每周都在我的 AI 商业私董会里分享原创的 AI 落地案例，每月举办线下实战工作坊，带着团队去过全国 19 个城市，服务了超过 3 万名企业家学员。

我所有的分享都围绕"AI 如何为业务场景创造实际价值"这一核心展开。在阿里巴巴全球总部做分享时，我提出的"3 个维度、9 个场景、18 个解决方案"的应用框架让观众们豁然开朗。这种结构化的思考和表达方式，不仅让知识更容易被吸收，也反复强化了我"系统化、实战派"的人设特质。当你的每一次亮相都在传递同一个清晰的信号时，信任便会自然生长。

03 人设的变现：从建立信任到高价成交

当一个真实、有差异化、内外一致的人设打造好后，商业变现就成了一件水到渠成的事。

环节一：用价值建立信任

信任是所有成交的起点。我从不催促客户做决定。有一位制造业老板默默关注了我半年，看完了我几乎所有的文章和视频后才联系我。他说的第一句话是："晓晓老师，我感觉你是真正懂我们企业问题的人，不是那种只会喊口号的专家。"后来，他成了我们深度合作两年的咨询客户。这种用持续的价值输出所换来的信任，是任何销售技巧都无法比拟的。

环节二：用结果锚定价值

人设清晰后，我不再按时间计费，而是按价值定价。一次，一家传统企业的老板对我们 20 万元的 AI 企培方案表示犹豫："晓晓老师，有点贵。"

我没有解释我们团队投入了多少精力，而是看着他，认真地算了一笔账："王总，根据我们的诊断，这套方案落地后，可以优化您销售团队的跟单流程，将客户转化率提升至少 30％。按照您去年的业绩，这意味着一年至少新增 600 万元的利润。您觉得，花 20 万元的投资去换一个 600 万元的确定性增长额，还贵吗？"

王老板沉默了片刻，随即说道："这么说倒是不贵，我们签。"

这种基于结果的价值锚定，让我们提供的服务是一笔高回报的投资。

环节三：用进化深化价值

AI 技术日新月异，强大的人设必须是持续进化的。从最初的人工智能生成内容（AIGC）图文，到 AI 短视频矩阵，再到现在的 AI 数字员工和获客机器人，我始终要求自己和团队走在应用的最前沿，确保我们交付给客户的永远是当下市场最有效的解决方案。这种持续进化的能力，让我的人设价值不断攀升，也让我们成为客户在 AI 时代最信赖的长期伙伴。

04 尾声：成交的终极，是成为你本身

回望这段旅程，我最大的感悟：强人设不是高高在上的包装，而是内在价值与真实经历的精准表达。写到这里，我想你已经明白，我之所以能报价 15 万元/天，凭的不是别的，而是我用过去 30 多年的人生打磨出的独一无二的"吴思晓"这个人设。

我的经历，成为我的定价基础。

我的选择，成为我的信任状。

我帮客户拿到的结果，成为我最好的口碑。

这一切，共同构成了一个强大的能量场。在这个能量场里，成交不再是一场艰难的博弈，而是一场自然而然的双向奔赴。客户选择我，不仅仅是选择了一门 AI 课程，更是选择了一种有着高度确定性的信心，一种拥抱未来的魄力，和一个被无数结果验证过的确定性。

所以，如果你也是一个创业者，一个知识 IP，请记住：不要试图去模仿别人，不要去学习那些浮于表面的话术。请向内看，去挖掘你自己的人生宝藏。你走过的弯路，你流过的眼泪，你做过的选择，你熬过的漫漫长夜……它们都不是毫无意义的，它们正是你最宝贵的财富，是你"强人设"的人生素材。把它们真诚地展现出来，用它们去链接你的客户，去创造真实的价值。

当有一天，你的名字就代表着能力、代表着结果时，你会发现，全世界都会愿意为你买单。

当一个真实、有差异化、内外一致的人设打造好后，商业变现就成了一件水到渠成的事。

马斯克决策学：如何在至暗时刻逆风翻盘？

梅一理

华人头部区块链教育平台链谷商学院创始人

耶鲁大学特邀区块链讲师

美国加密对冲基金创始人

01 马斯克的决策魔力

凌晨四点,屏幕的微光映在我疲惫的脸上,咖啡早已凉透。我盯着马斯克的采访视频,反复观看,生怕遗漏任何一个关键点。

我专门研究马斯克的"第一性原理",每天花12个小时深入拆解他的访谈、推文、演讲,对他每一次关键选择进行推演。

他为何能让全球的顶尖人才为他鞠躬尽瘁?

为何几乎他的每个重大决策都正确,而有些普通创业者哪怕复盘无数次,仍然摆脱不了失败的轮回?

他曾是南非的一名普通少年,如今却用一己之力改写多个行业。

从南非到北美,他去斯坦福大学读博士,两天退学;SpaceX和特斯拉同时濒临破产,所有人劝他放弃一个,他却孤注一掷,坚持到底,最终绝地反击。

他从不接受"不可能"的答案,在遇到问题时,他只会重塑问题,从而找到突破口。

许多人仍未真正读懂马斯克,包括曾经的我。

9年前,我迈出了创业的第一步。这是一段激情澎湃的旅程,但更多时候是深夜的孤独与自我较量。

那些日子,我无数次夜不能寐,独自面对如潮水般涌来的压力。每一天,合作伙伴的催债微信都会准时发来。躺在床上,我无数次问自己:要不要就此放弃?

更艰难的是,我必须做出一个对我人生来说极其重要的选择——**是放弃一家盈利的公司,还是冒险闯入未知行业?** 面对资金链紧张、压力倍增的合作关系，我是否应该孤注一掷，拿出几乎所有的积蓄，换取一次彻底摆脱困境的机会？

每一个选择都像黑暗中的岔路口，而我，不知道哪一条才会通往生机。

有时，从噩梦中惊醒，我只能坐在床边，等待第一缕阳光，提醒自己新的一天还要继续前行。是马斯克的决策方法，带我穿越至暗时刻。

02 两次至暗时刻：决策的蜕变

第一次：资本裹挟下的迷失

第一次至暗时刻，出现在创业巅峰。资本加持，公司的业绩增长亮眼，行业前景光明，我却感到束缚。仿佛站在一辆高速行驶的列车上，车速越来越快，我却开始怀疑，它是否驶向我真正想去的地方？

从事英文教育曾是我的选择，但激情消退后，我才发现，语言只是工具，不是答案。我真正关心的，是人与世界的深层关系，是如何帮助人们更深刻地认识自己。当我意识到自己在为一个不再认同的目标奔跑时，成功变得空洞，世界开始失焦。

在所有人不解的目光中，我切断所有的商业联系，买了一张飞往美国的机票，沉入一个完全陌生的世界，去芝加哥大学宗教哲学系学习。我不再计算投资回报率，不再关注增长数据，而是让自己沉浸在千年经典里，试图寻找比市场更古老、比利润更恒久、比商业更深刻的答案。但知识不能代替现实。哲学课上，我能用黑格尔的辩证法拆解人生；现实里，我却焦虑地思考下个月如何支付员工工资。

思考的尽头,不是更复杂的逻辑,而是双脚踩泥的顿悟。

读完两年书后,我终于明白,书本里的理论可以塑造认知,却无法带我走出困境。哲学能让我理解世界,但改变世界的,是市场、竞争和决策。

市场不理睬你的价值观,竞争不怜悯你的理想主义。世界不会等待一个沉思者,我必须回到战场,用商业解答人生的终极问题,以商入道。我开始攻读MBA和商学博士,随后进入投资与创业领域,成为美国一家风险投资机构的负责人,后来在一家对冲基金担任高管。一路走来,我的路途似乎都很顺利。然而,真正的挑战,还在后面等着我。

第二次:破产边缘的生死抉择

2023年,一个行业政策的发布让我几乎一夜之间跌入深渊。过去几年赚的钱瞬间归零,还背负了500万元的债务,我仿佛从天堂直坠地狱。

我面临两个选择:要么选择破产,放弃一切,从头再来;要么坚持下去,咬紧牙关,偿还债务,对合作伙伴负责。这是一个生死决策,我必须选择。

此时,我想到了马斯克的"火箭爆炸时刻"。

03 马斯克的生死决策：他的坚持给了我勇气

我开始疯狂研究马斯克。

Space X、特斯拉也几乎同时濒临破产，他卖掉房子、车子、手表，倾尽家产，三次火箭发射失败，投资人纷纷撤资，媒体冷嘲热讽，所有人劝他放弃一个，保住另一个。

"这两个公司就像我的两个孩子，我无法让其中一个死去。"他不妥协，日复一日地坚持，在最后关头融到资金，绝地反击。

看着马斯克，我问自己：他能顶住百倍于我的压力，而我在怕什么？是怕失败，还是怕直面自己的弱点？

那个阶段，我几乎每晚读关于马斯克的文章到凌晨四点，像在给自己的精神"续命"。

我意识到，尽管可以申请破产，但我不能辜负合伙人对我的信任。我咬紧牙关，拼尽全力，坚持到底。

为了绝地反击，我开始思考，我的商业模式真正的问题是什么？

过去，我执着于优化细节、打磨文案、优化管理，试图让公司营业额增长 30%。而马斯克从不满足于渐进式改进，他只问："如何让公司呈 10 倍增长？"我的博士生导师方哲老师——"马斯克决策法"的深度研究者，向我抛出同样的问题："我们如何能做到 10 倍增长？"这个问题让我陷入沉思。我原本专注于优化现有的业务流程，但马斯克的方法启发了我——不应只是优化，而是重新定义。

马斯克用第一性原理颠覆了航天业——直接采购原材料，内部制造零部件，避免供应链层层加价，让火箭发射成本从 4.5 亿美元降至 6000 万美元，比 NASA 便宜 90%。我意识到，我一直在优化

一个低杠杆的系统,而真正的变革不是把细节做到极致,而是推翻旧模式,创造新的可能。于是,我重新思考我的事业:

不再优化现有产品,而是重新定义市场。

不再局限于个人 IP,而是进入"第一性决策学"这一新赛道。

不再在红海市场内卷,而是寻找新品类、新模式,让公司创造 10 倍增长。

这,才是马斯克式的决策思维。

为什么我要做"第一性决策学"?

因为,1 个大决策胜过 1000 个小决策。

不同的行业之间,可能会有 10 倍的收入差距。

选择哪个城市发展,可能决定一生的机遇。

选择什么样的伴侣,可能会影响一个人一生的幸福感。

我们可能会花一个小时选餐厅,却有可能在选择行业、城市、伴侣时只凭直觉。

决策,是一切成功的底层逻辑。

我创建了"第一性决策学",决心让人在迷茫与抉择中有一套真正可执行的方法,做出最优选择。

"淋过雨的人,更懂得为别人撑伞。"曾经,马斯克的第一性原理决策方法帮助我走出低谷;如今,我希望能用"第一性决策学"帮助更多人。

如果你正处于人生岔路口,试着问自己:这是大决策还是小决策? 这个问题的第一性是什么?

思考的尽头，不是更复杂的逻辑，而是双脚踩泥的顿悟。

毕业于常青藤大学
的"国学大师"

邱嘉晟

大型投资机构管理合伙人

西安交通大学 AI 融合创新管理研究院院长

易学传承人

大家好，我是邱嘉晟，是一名投资人。

我生于己巳年辛未月丙申日，有较强的分析能力和语言表达能力，毕业于美国计算机专业排名第一的卡内基梅隆大学，校友遍布谷歌、微软、Facebook 以及 OpenAI 公司。在校期间，我专注于大数据领域的学习和研究。毕业后，我进入马斯克创立的 Paypal 担任并购产品经理，负责 eBay 和 Paypal 合并期间的数据整合工作。

我一直执着于做一个与众不同的人。因实习期间表现优异，我拿到了美林证券纽约总部高级分析师的录用通知书，但我果断放弃，奔赴人生地不熟的硅谷，去担任产品经理，身边 99% 的人都是白人。彼时，多数去硅谷的中国人因沟通和文化障碍，选择做工程师搞技术，而我，因为想真正进入商业的核心，选择了一条东西方文化磨合的艰辛之路。

经过了两年时间的磨合，我不断利用下班时间参与各种数据产品的研发讨论和各种活动，进行思想碰撞，终于成为一名合格的数据产品经理。从替 eBay 设计基于用户行为的智能商品系统，到 Linkedin 通过弱社交关系进行商业变现，到游戏公司 Zynga 通过成瘾机制让用户停留在开心农场，到 Uber 基于实时交通情况减少用户叫车等待时间，我都参与其中。这期间，我意识到数据不只是冷冰冰的算法，它背后隐藏着人性的密码。**读懂数据，得懂人心。**

01 回国投身投资事业之旅

我意识到在北美的生活和工作可以一眼望到头，不想就此成为一代移民，在大公司安安稳稳地当一颗螺丝钉，于是 2016 年，我毅然选择了回国，进入股权投资领域，想从更宏观的视角去理解中国的市场和创业环境。

从 2016 年至 2018 年,我以合伙创始人的身份联合发起、设立了多支不同规模、不同阶段的产业基金,管理总资金达到 80 亿元(包含一些大型的并购基金和专项项目投资资金)。投资人以数据和认知为合作伙伴创造价值,市场化投资人视数据模型为评估企业价值的关键,政府关注用产业数据制定合适的招商政策,被投企业则将数据当作获得资本青睐及实现连续增长的必备抓手。

我初涉人民币基金运作,无相关经验,凭借数据挖掘出多个超 60 亿元估值的"独角兽",参与早期投资,并将企业落地产能、研发中心需求与地方政府招商政策对接,联动资金与资源。在国内人脉、资源不足的情况下,利用数据——我的资源整合利器,我打开了新局面。我出任董事期间,诸多被投项目估值暴增 5 倍、10 倍乃至 100 倍。我帮公司明确战略定位、商业模式,构建业务增长模型,帮助公司管理者制定重要战略。

02 成功案例

我和其他投资人不同,我格外关注人的数据。曾经有一位清华大学毕业的创始人,特别专注技术研发,却不擅长公关和品牌运营。

当时企业所在赛道的融资环境十分恶劣，企业资金链正常运转时间仅剩下不足三个月，我陪同他一晚上参加了3个不同圈子的聚会，从中去总结人与人的社交关系，从此他克服了骨子里的那种清高和与人沟通的疏离感，在后续的融资中拿到了多个产业龙头企业和地方政府的战略投资，成为名副其实的独角兽企业。另一个案例是一个特别擅长营销的传统消费品企业创始人，我帮助他找到了"零食科技研究所"的定位，在传统行业中以重视研发、品质过硬的形象出圈，从而拿到了众多著名一线风投基金的投资。资本圈的经历让我认识到，数据不仅可以降本增效，更是创业者破局的神兵。通过数据认识到自己的短板，有针对性地去克服，真的能使自己的财富跨越不止一个等级。

03 命运的安排

2018 年下半年，一场大病改变了我，我的工作因此按下了暂停键。在了解了 ICU 病房里许许多多患者的经历后，我开始重新思考人生的意义。从 2018 年到 2020 年，我遍读传统中医著作，开始注重科学养生，还考了国家高级营养师证。其间重拾了自小便感兴趣的易学文化，从天文、地理、历史等角度研究易学的起源和规律，将西方推崇的颗粒度极细的数据分析法和国学体系的整体世界观相结合，逐渐地，我从精神层面治愈了自己，同时不再受身体指标的困扰。我运用数据分析我的饮食起居和运动，不追求严格意义上的绝对自律，而追求身体、情绪的动态平衡。我把这种方法总结为平衡、流通、有情。

04 疫情后的人生定位

疫情影响了大部分企业的命运，许多创始人面临资金不足、业务下滑等问题的困扰，比这些问题更可怕的是信任危机。随着上市越来越难、越来越多的投资人退出渠道，一级市场的创业者和投资人从以往的战友关系走到了对立面，许多创始人在对赌条款和上市回购的多重压力之下，走上了失信和限高的路。

在这期间，很多创业者来找我询问人生未来的方向。在经历高低起伏之后，他们对未来的方向感到迷茫，我从国学、国家发展趋势的角度帮他们分析当下该做什么、不该做什么。每一位奋斗者的故事，我都用心记录，构建数据库。3 年期间，我一共帮助了 300 位创业者，每一位创业者的故事都值得细品和回味。在疗愈别人的同时，我发现了自己的使命，即帮更多的奋斗者用数据找到自己的人生定位。

随着国家把数据作为继土地、劳动力、资本、技术之后的第五大生产要素，我们真正地步入了数据资产元年。在这个数据驱动的时代，你的努力不仅是印记，更是塑造未来的数据资产。与数据资产同等重要的就是我们的人生定位，定位不对，努力白费。若定位模糊，错失贵人与机遇，可能让你多走数十年弯路。

命运的改变，从这一刻开始！

在这个数据驱动的时代，你的努力不仅是印记，更是塑造未来的数据资产。

长期创新的生命力

蔡留照

主攻机器人与传动技术

在德国经商 30 年，提供出海服务

硬科技领域创业投资人

我是一名德籍华人创业者，职业生涯长达 35 年，旅居德国 30 年，自主创业 25 年，累计销售额达到 4.8 亿元，公司人数最多的时候有上百人，累计服务全球用户超过 1238 个。

01 幼时的破茧思维

我自幼就是一个学习成绩优秀的人，一直担任学校和班级干部，一直是老师眼中的三好学生，一直是父母心中的骄傲，一直是"别人家的孩子"。但是我一直不满足于既有的成绩，"破茧"的想法在我的心里扎了根。

1983 年，在农村，中考填报志愿时，报考中专专业应该是不二的选择。可是老师说："如果大家考上了省丹中（江苏省 13 所重点高中），那么你们的一只脚就已经跨进了大学的校门。"听了老师的话，我这个还没有去过县城的农村孩子开始向往大学，向往未来，向往美好生活，于是我毅然撤回了原来填报的中专专业，只给自己留了一条上省丹中的路。父母经常唠叨："你这孩子，怎么心这么大，不给自己留条后路呢？"那一次的志愿修改，成功地把我送进了省丹中和武汉大学。现在回想起来，原来那个时候的我就已经在心里种下了一颗种子，不留后路，逼着自己往前走，一直走到了今天，走出了国门，走过了 50 多个国家。

02 创新创业中的持续变革

我在德国进行机械零部件制造创业,还涉足房地产开发、跨境电商、投资等领域。这 30 年来,我始终保持年轻和开放的心态,追求更高的目标,即使失败过,但没有停止过前进的脚步,没有停止过对创新的追求和创业。

2008 年,在全球金融危机期间,我的公司营业额从上亿元跌落到区区千万元,从 3 个工厂到被迫关闭 2 个,从拥有上海浦东新区的豪宅到被迫变卖工厂,从最高峰上百人的团队缩减到不到 18 人。痛则思变,2024 年,我又关停了房地产企业,关停了投资的跨境电商企业,甚至连新开的机器人公司,我也在思考它下一步的出路。我想改变,就立即开始行动,加入学习大军。我遇到了众多的老师,如海峰老师、肖厂长,他们都是我第三次创业路上的明灯。2025,我将重新启程,走向个人变革的创新之路。

高尔基的名言一直激励着我走到今天,"一个人追求的目标越高,他的才能就发展得越快,对社会就越有益"。我确信这是一个真理。我至今信奉"志当存高远",它激励我不断创新。

03 长期主义,日积月累,不达目的,誓不罢休

作为一个农村长大的孩子,吃苦、善良、诚实,这些都是留在我身上的烙印,我比别人还多了那么一点点勤奋,因为我从小就被教育:早期的鸟儿有虫吃,要发奋才能出人头地。

我每天都希望进步一点点,哪怕只有 1%(即 1.01 的倍率),那

么一年以后，就会硕果累累（37 倍多），这就是复利的力量。不信我来给你算一算：

$$1.01^{365} \approx 37.78$$

勤能补拙，但是也要有方法，要有伯乐，要有联盟助力，众人拾柴才能火焰高。加入恒星联盟，加入强人设圈，加入持续学习的圈层，也是一种以勤补拙的办法。

04 当下的危机和商机

金融危机、欧债危机、乌克兰危机、欧洲难民危机（当年德国收容了超过百万名难民），新冠肺炎疫情以及雪上加霜的俄乌冲突，这些是二战以来欧洲经历的严重危机。

我们怎么才能降低风险，发现商机，在动荡中求生存、求发展，这是我们这些创业者要思考的。我曾经在 2002 年的经济高涨期赚到了人生的第一桶金；我曾经在 2008 年的金融危机中抄底德国房地产业，资产翻倍；我曾经在疫情来袭后的低息期获得了大量的低成本资金。这些都是危机中的商机，所以商机无处不在，无时不有，只不过你要能够早于竞争者发现并抓住。信奉长期主义，并且日积月累，努力学习，不断创新，这是我在危机中求生存、求发展的法则。

05 产品和商业模式

做机器人产品的，要用用户思维来做产品，想他人之所想，急他人之所急，解决用户痛点，那么产品就能畅销。我们做机器人无人叉车物流设备，可以提供软件解决方案、硬件解决方案和用户叉车改造方案，甚至可以提供金融方案，用我们的无人叉车来完成用户的物流任务，帮助用户解决招工难、用工贵、用工难的痛点。面对竞争，你只能用创新来避开内卷，用实力来降维打击，所以创新才是持久的竞争力。

产品要创新，商业模式要创新，管理者的思维要创新，这样的创新矩阵组合才能取得事半功倍的效果，才能避免出海的风险。

06 总结

最后和大家分享我的心得，那就是四句话：

损人不利己的事情，永远不去做；

损人利己的事情，尽量少去做；

利他损己的事情，力所能及去做；

利他益己的事情，全力以赴去做。

摩雷说："每个人的成就都无法超越他的品格上限。"这就是成功的密码。成事先做人。我是蔡留照，愿意并能够给中国出海业务提供实用的防踩坑和避免大风险的服务。欢迎联系我！

面对竞争，你只能用创新来避开内卷，用实力来降维打击，所以创新才是持久的竞争力。

从在职场摸爬滚打到成为

AI 做课师，带你领略

知识转化的"星辰大海"

范歆蓉

阅践研习社创始人

《培训课程开发与设计》等 3 本书的作者

有 15 年课程开发与设计带教培训经验

嘿，大家好！我是范歆蓉，一个曾经在职场里摸爬滚打，如今在 AI 做课领域里畅游的人。今天，就让我来讲讲我的故事，带你领略一下知识转化的"星辰大海"，感受一下一个人从平凡到非凡的华丽蜕变！

01 职场往事：从懵懂新人到人力资源负责人，积累经验，渴望突破

在浩瀚的知识宇宙中，我是一颗默默无闻的星星。一个春日的午后，阳光透过窗户洒在书桌上，我正在整理过往的职场笔记，心中涌动着一种莫名的情愫。

回想起自己从一名普通的职场员工到人力资源负责人，每一步都充满了汗水与泪水。那时的我，每天忙于招聘、培训、处理员工关系等琐碎事务，虽然积累了一定的管理经验，但总觉得缺少了什么。

直到有一天，我意识到，我想要做的不仅仅是管理员工，更是要帮助他们成长，将他们的潜力发掘出来，让他们在职场上熠熠生辉。

02 转型之路：成为课程开发职业培训师，点燃他人成长的激情

我开始寻找新的机会，渴望在职场上实现自己的价值。经过一番努力，我终于成功转型为一名课程开发职业培训师。这个全新的角色让我有了更多的机会接触不同的人，了解他们的需求和困惑。

我开始尝试将自己的管理经验转化为培训课程的内容，帮助职场人士提升自我。在这个过程中，我逐渐发现了自己的热情所在——那就是帮助他人成长，将知识传递给更多的人。

每一次看到学员们因为学到了新知识而露出喜悦的表情，我都

感到无比的满足和自豪。我知道，自己的努力没有白费，我正在用自己的所学、所能去影响和改变他人。

03 私域奇遇：加入厂长的私域社群，开启知识传承新篇章

2023 年 3 月的一个午后，一场在视频号的直播打破了我平静的生活。那是与厂长的初次相遇，他的故事像一股清流，激发了我内心深处对知识的渴望和分享的热情。厂长是一个在私域领域有着丰富经验的实干家，他渴望将自己的知识和经验传递给更多的人。我们的相遇仿佛是命运的安排，让我看到了知识转化的更多可能性。

从那时起，我知道自己的人生轨迹将再次改变。我开始跟随厂长的步伐，在私域的世界里探索、学习、成长。厂长一直在默默积累和沉淀，他的专业和实力让我下定决心要加入他的私域。

04 AI 做课：用 AI 技术助力课程开发

作为职业培训师，虽然教企业内部的老师做课、讲课的收入都很可观，但跟像厂长和联盟私董这样的人的收入比起来不值一提。**这让我意识到，我需要找到一种更高效、可持续的发展方式。**

2020 年，疫情暴发，线下课程量锐减，线上课程激增。我开始尝试做视频号直播，首场直播持续了 12 个小时，用了连麦的方式，结果却是业绩惨淡，只有好友打赏。直播持续一个月后，以惨败收场。

在学习视频号运营的过程中，我发现很多账号的内容都是从抖音转过来的，而我却因为死脑筋和所谓的"专业人士"心态，难以适

应变化，坚持自己的打法。也就是在这个时候，我被厂长的直播吸引，里面的 SOP（标准操作流程）让我驻足。

从那以后，我开始学习如何用 AI 技术助力课程开发。我结合自己 15 年深耕课程开发领域的经验，以及出版了 3 本课程开发相关图书的基础，开始探索如何用 AI 帮助实干家们快速出课、出书。

经过一段时间的摸索和实践，我终于找到了一套适合自己的流程。现在，我的产品能够为实干家们提供高效、专业的课程开发和图书创作服务。这种高效的模式不仅让实干家们能够快速将自己的经验和智慧转化为课程和书籍，也让我在课程开发领域里独树一帜，赢得了众多实干家的信任和认可。

05 展望未来：赋能 10 万名实干家，点亮知识星空

我的目标是赋能更多的实干家，让他们的经验和智慧得以传承和发扬。为了实现这个目标，我开始帮助学员构建自己的知识体系，打造主题专家强人设，提供更加专业和深入的服务。同时，我开始利用社交媒体等线上平台扩大自己的影响力，吸引更多的实干家加入我们的行列。

在这个过程中，我深刻地感受到了知识 IP 的力量。一个优秀的知识 IP 不仅能够吸引更多的粉丝，还能够为实干家们提供更加广阔的平台和更多的机会。因此，我开始尝试将自己的经验和智慧转化为知识 IP，通过线上课程、直播、社群等与更多的人分享和交流。每一次分享和交流都让我更加深刻地认识到自己的价值和使命。

我知道，自己不仅仅是一个萃取者和转化者，更是一个连接者和传承者。我将继续在知识的星空中翱翔，用我的所学、所能去影

响和改变更多的人。同时，我也期待与更多的实干家相遇，点亮属于自己的那颗星星。在未来的日子里，我将继续探索和创新，不断优化自己的工作流程和技巧。

实干家在任何时候出发都不晚，只要你愿意付出努力，就一定能够实现自己的价值，创造属于自己的辉煌！

直到有一天，我意识到，我想要做的不仅仅是管理员工，更是要帮助他们成长，将他们的潜力发掘出来，让他们在职场上熠熠生辉。

AI讲师的蜕变之路：
从跨界探索者到
智慧教育引领者

陈大鹏

辅仁学社联合创始人
公考面试讲师、申论讲师
DISC＋社群授权讲师

你好，我是陈大鹏，一个在教育领域摸爬滚打多年，致力于成为 AI 讲师的跨界探索者。我的故事，或许和你想象中的传统讲师的成长故事不太一样，但我相信，正是这些独特的经历塑造了今天的我。

01 我是陈大鹏：一个不甘平凡的跨界探索者

1995 年，我出生在江苏省宿迁市沭阳县钱集镇大南村。从小，我就对世界充满了好奇，喜欢尝试各种新鲜事物。大二那年，我怀揣着创业的梦想，开了人生中的第一家公司，管理上百人的团队。那段时间，我像打了鸡血一样，每天都和不同的客户、供应商打交道，处理各种突发状况。虽然公司最后没有达到预期的规模，但这段经历让我学会了如何在压力下保持冷静、如何快速地做出决策。在我后来成为一名讲师时，这些能力发挥了意想不到的作用。

毕业后，我没有选择按部就班地进入一家公司工作，而是继续踏上我的跨界探索之路。我涉足过不少于 12 个行业，从餐饮到电商，从农业到教育培训，每一次尝试都像在人生的棋盘上落下一颗棋子，虽然方向不同，但每一步都走得坚定而有力。我曾经历过农场创业的失败，那段时间，我几乎一无所有，但正是这次失败，让我重新审视自己，也让我找到了新的方向——成为一名公考培训讲师。

02 成为讲师：从跨界探索到深耕教育

第一步：全面学习，筑牢知识根基

5 年前，我正式踏入公考培训行业。那时的我，对公考的知识体系还很陌生，但我凭借之前积累的学习能力和解决问题的能力，迅速投入学习中。我选择了结构化面试、申论和公共基础知识作为我的主攻方向，开始系统地学习这些课程。

我购买了大量的教材和网课，每天待在图书馆里，一页一页地看书。我详细地做笔记，甚至把课程老师的每一个案例、每一个笑话都记录下来，做到心中有数。然后，我根据这些内容制作思维导图，将知识点梳理得清清楚楚。这个过程虽然枯燥，但为我后来的教学打下了坚实的基础。

第二步：翻转课堂，开启教学之旅

当我有了足够的积累后，我开始尝试翻转课堂。我找了一群志同道合的朋友，我们组成了一个学习小组，互相监督，互相鼓励。我们每天都会抽出时间，把学到的内容尽可能还原，讲给对方听。在这个过程中，我发现，教是最好的学，通过讲解，我不仅巩固了学到的知识，还发现了自己之前没有注意到的细节。

为了更好地锻炼自己，我还尝试开直播、录视频，把自己讲的内容分享出去，接受大家的监督和批评。虽然一开始有些紧张，但慢慢地，我找到了自己的节奏，也收获了许多宝贵的建议。

第三步：结合自身特点，教学风格创新

经过一段时间的翻转课堂训练后，我开始尝试结合自己的特点，在教学风格上作出创新。我意识到，每个人的经历和性格都是独一无二的，这些都可以成为我在教学中的优势。我曾在多个行业摸爬滚打，积累了丰富的人生阅历和实践经验，这些都可以作为生动的案例，融入我的课程中。

我开始尝试用故事化的教学方式,把复杂的知识点用简单易懂的语言讲出来,让学员们更容易理解和接受。我还注重与学员的互动,鼓励他们提问和发表自己的见解。我发现,当学员们积极参与时,他们的学习效率会大大提升。

第四步:积累经验,成为成熟讲师

在公考培训行业,成为一名成熟讲师并不是一件容易的事,需要上过 100 天以上的课程,积累足够的教学经验,而新手很难有上台的机会。我深知这一点,所以在成为助教后,我格外珍惜每一次上台的机会。

我认真对待每一堂课,提前做好充分的准备,反复打磨自己的教案。在课堂上,我全身心地投入,用自己的热情和专业感染学员。课后,我会认真复盘自己的教学,根据学员的反馈及时调整教学方法。经过多年的努力,我终于成为一名成熟讲师,培训总时长已超过 3000 小时,学员遍布山东、河北、河南、甘肃、山西、内蒙谷、广西、北京 8 个省级行政区,带领上百名学员成功上岸。

第五步:不断精进,朝着名师目标迈进

成为成熟讲师后,我没有停下前进的脚步,而是继续朝着名师的目标迈进。我深知,成为名师需要天时、地利、人和,但我能掌控的,就是不断精进自己的讲课内容。

我持续关注公考培训行业的最新动态和学员需求,不断更新和优化我的课程内容。我尝试引入新的教学工具和技术,如在线学习平台、多媒体教学资源等,提升教学效果。我还积极参与行业研讨会和上培训课程,与其他优秀讲师交流经验,共同探讨教学难题。

03 跨界 AI：开启新的教育征程

在成为公考培训讲师的过程中，我积累了丰富的教学经验和人生阅历，这些都让我对教育有了更深刻的理解。而随着人工智能技术的飞速发展，我看到了 AI 在教育领域的巨大潜力。我开始思考，如何将 AI 技术与教育相结合，为学员们提供更高效、更个性化的学习体验。于是，我决定跨界进入 AI 领域，成为一名 AI 讲师。我开始系统地学习 AI 相关知识，我像海绵一样吸收着知识。虽然这个过程充满了挑战，但我凭借之前积累的学习能力和解决问题的能力，逐渐在 AI 领域站稳了脚跟。

我希望能够将自己在公考培训领域的经验与 AI 技术相结合，打造出一套全新的 AI 教育课程。我计划成立一家专注于 AI 教育的公司，打造 AI 讲师赛道的黄埔军校，帮助更多人成为优秀的 AI 讲师，让更多学员受益于 AI 教育。

04 结语

　　从跨界探索者到公考培训讲师，再到如今致力于成为 AI 讲师，我的人生充满了转折和挑战。我始终相信，只要敢于尝试，敢于突破自己，就一定能够找到属于自己的道路。如果你也对教育充满热情，对 AI 感兴趣，欢迎联系我。让我们一起在教育的道路上不断前行，创造更多可能！

我开始思考，如何将 AI 技术与教育相结合，为学员们提供更高效、更个性化的学习体验。

利他就是最好的利己，
唤醒与赋能1万名超级
个体迈入"丰盛之道"

慧雯

斯坦福设计人生教练
个人 IP 直播起号陪跑操盘手
心力创富实修营授课讲师

大家好，我是慧雯，是肖厂长的恒星私董会成员，也是私董会里多位老板的教练。

曾经，我是一位在互联网公司深耕了11年的资深运营人。27岁，我成为唯品会创立以来的首位时尚主编；33岁，我成为淘宝全球购官方IP内容营销操盘手。2022年，我主动放弃百万年薪，成为杭州线下内在成长沙龙的策划人，参与策划了百场线下活动，打造了千人社群，为奔驰星友荟、保时捷、有赞、工银安盛、蜜雪冰城等知名企业提供定制化活动策划服务。

虽然头顶光环，但我的职场晋升之路却异常曲折。2020年春节前后堪称我职场生涯的至暗时刻，因为疫情，我负责的项目处处受阻，KPI完成进度远未达预期。连续好几个月，我深感焦虑苦闷，无法自拔。**怀着一颗迫切渴望自我救赎的心，我走上了向内探索的道路，命运的齿轮开始换个方向转动。**

2020—2022年，我先后通过了心理咨询师、潜意识图卡高级指导师的资质认证，深度学习了潜意识引导、冥想等多项技能。我一边进行着自我疗愈，一边组织线下活动，陪伴上百个职场人走出情绪低谷。

2022年初，我决定为泛心理赛道押一次重注，直接裸辞，全身心投入。

离职前1个月，我以倒计时为标题，在内网发表了系列文章，记录这些年内在探索的种种心路历程。文章引起了强烈反响，有过万人观看，数百人私信我，我还被邀请做了千人线上分享。

这是我第一次意识到，想打造强人设，首先要愿意在公众面前扩大自己的公开象限。

离职后，我转身投入自己热爱的领域，拓展沙龙产品线、策划线下百人疗愈节、开发线上课程……原先仅 4 人的小团体迅速扩大至 30 多人，沙龙举办频次从一周 2 场增加至一周 8—10 场。

正当我的事业进入快速发展阶段，一切看上去似乎都很美好时，2024 年初，我却选择了急刹车。因为某些核心价值观和创业理念的不合，我思索良久，最终还是选择离开创业团队，单飞。

2024 年下半年，我持续学习，又新增一个身份——斯坦福设计人生教练。紧接着，便遇到了人生中的贵人——肖厂长。

刚加入恒星私董会，我就有幸参加了肖厂长组织的线上私董云见面会。每人花 2 分钟自我介绍，千人同时在线观看。当晚和肖厂长连麦后，就有 200 多位老板添加我为好友。我很珍惜这批高价值用户，逐一联系并做了自我介绍，表示自己愿意提供教练服务。部分私董和我预约了 1 对 1 个案咨询，其中有大学老师、企业顾问、心理医生、国企中层骨干、初创公司技术负责人、跨境电商平台操盘手等。后来，力安轻创的创始人和两位联合创始人，先后成为我的案主。

恒星私董会成为我以设计人生教练身份重新亮相的起点。在此过程中,我获得了两点启发:

(1)强人设打造离不开"势能"的驱动。懂得利用外部资源,抓紧时机,找准"势能"高点,快速爆破,极速赋能,可以事半功倍。

(2)把每位客户都视作值得珍视的贵人,把握人心,有了客户的站台和背书,也就拥有了后续各种资源和合作的无限可能。

随着来找我的创业者越来越多,我慢慢悟到了,想通过强人设成交,核心逻辑是这15个字:塑峰终体验、垒标杆案例、重长尾交付。接下来与你分享我关于这个核心逻辑的思考。

1. 塑峰终体验:建立可持续良性关系的必杀技

泛心理赛道的强人设,在能量的付出和给予上必定是慷慨无私的。唯有高频吸引高频,也只有以心印心,交付才可能超出用户预期。

很多用户一开始搞不清楚教练具体能解决什么问题,这时,便需要用峰终体验来塑造用户认知,让他们前后对比,有"满血复活"的惊喜感。

首次沟通,尤其注重要为客户营造安全、开放的高能场域,让他们即便面对陌生人,也能放心地把人生故事分享出来。

随着陪伴次数的增加,案主会越来越深刻地感受到,在这里能收获理解、包容和接纳,沟通始终围绕"唤醒和赋能"展开——"提出原始需求——挖掘真问题——生成式对话——潜意识思维引导——激发原型行动",案主全程体验到的都是承托与支持。

全力以赴地交付,双方都能被良性关系所滋养,联结也是深刻的,这便是塑造峰终体验的价值所在,得人心者得天下。

2. 垒标杆案例：快速融达不同圈层的核武器

真实可信的标杆案例，是打造强人设时不可或缺的。特别是当别人对你一无所知时，拿得出手的案例无疑就是影响力的具体表现，等同于宣告自己的专业地位。

案例积累最好是以终为始地布局，在人设打造初期，就要明确自己的定位和用户画像，有意识地筛选出自己擅长服务的优质目标人群。每次交付完成，务必重视收集用户的反馈。

而在私域运营上，一方面，通过连续剧般的故事分享，低调展现案主的背景或履历，以吸引更多相似的人；另一方面，定期展示他们的正向评价和认可，让自己成交的底气越来越足。

当累积了一定量的标杆案例，不管是在线上还是线下，接触不同圈层就轻而易举了，只需只言片语便足以展现自己的综合实力，让别人快速记住你，忍不住想联系你。

3. 重长尾交付：撬动用户隐形资源的回旋镖

你当前服务的每位用户，背后都站着 250 位新用户。

泛心理赛道主打长线陪伴。教练服务绝非一锤子买卖，因此，很有必要高频次、轻量级地投入精力，去维系和案主的关系。

即便确定性交付已经结束，定期问候、高能分享、答疑交流等形式都能让案主真切感受到你的用心和负责。

当你能做到发自肺腑地去重视和用户的微互动，不是只为了转化客户，而是把日常对话看作彼此增进了解的良机，就像往"关系银行"里时不时存一笔小钱，说不定哪天需要零存整取时就派上用场了。

当放下了对成交的执念，让自己的每次出现都带着温暖和爱，对方身后隐形的资源和人脉可能就在某次闲聊中不经意地显露，只要把握住了，对自己而言就是一次质的飞跃。

最后，我想和大家分享三句话，它们是我在人生起起伏伏、数次转型时都能拿到结果的关键：

(1)越敢于做真实的自己，你就越值钱。

(2)保持开放状态，有时不设限才是最好的人设。

(3)每一次成全别人，其实都是在成就自己。

案例积累最好是以终为始地布局，在人设打造初期，就要明确自己的定位和用户画像，有意识地筛选出自己擅长服务的优质目标人群。每次交付完成，务必重视收集用户的反馈。

一个普通农民的儿子如何利用自媒体，成为全网有500万粉丝的内容IP操盘手

富叔

富兰克林读书俱乐部创始人

内容 IP 操盘手

自媒体人

你好，我是富叔，2022年11月底加入恒星私董会。

2025年3月3日，我35周岁，兼任富兰克林读书俱乐部创始人、富书咨询创始人。我在自媒体行业打拼了15年，运营公众号10年，内容创业9年，拥有4家公司和1家分公司。在读大学期间，我便开始创业，做自己的CEO，从未为别人打过一天工。

我策划了4本畅销书《仅有一次的人生，就要酣畅淋漓地活》《绝不过低层次的人生》《好好生活》《屏蔽力》，第5本书也已签约。2019—2023年这5年，我们总共发出稿费1607842元，累计发布稿件6020篇。我孵化了上百位写作IP，旗下知名内容IP包括富兰克林读书俱乐部、富书生活馆、富书新商学、富叔、富小妹、精读妈等。全网有500万粉丝，其中微信公众号矩阵约有300万粉丝，百家号、头条号、企鹅号、知乎、微博等自媒体平台累计有200万粉丝，"富兰克林读书俱乐部"微信公众号有200万粉丝，位列新榜微信500强，是生活认知类第一大号。

2008年，我18岁，高考考上了一所985高校，先后在长春、北京、广州生活和创业了15年。33岁时，我从广州搬回了家乡南昌，给父母买房，给老婆买车。从2017年开始，我每个月给父母转1万元生活费，后来加到2万元，持续了5年多，一直到2023年2月18日我结婚。

回忆我的成长经历，我出生在江西南昌的一个贫困小农村，有3个姑姑和1个小叔，我还有2个妹妹，家里田地少，收入微薄，一度因为买不起盐而向便利店赊账。爷爷早年因癌症去世,我对他没有什么印象。我上小学二年级时,父母与奶奶分家,借钱盖了一座两层平房。

虽然家境贫寒,但父母从未让我放弃学业,最终我考上了吉林大学,成为家族的骄傲。进入大学后,我努力学习,但和许多优秀的同学相比,我普通得不能更普通。一次偶然的机会,我从同学那里借阅了一本《富兰克林自传》,本杰明·富兰克林的故事让我明白自我教育比家庭教育、学校教育、社会教育更重要,每个人都可以做自己的学校、老师、读书会,不断地自我学习。于是我频繁出入学校图书馆,从每月 500 元生活费里省出 100 元,到当当网购书阅读。网络的便捷让我能够快速获取知识,缩小了和同学之间的认知差距,让我重新变得自信。

2009 年 12 月 8 日,我效仿富兰克林建立共读社之举,在人人网上创办了"富兰克林读书俱乐部"(简称"富书"),将各类推荐书单、读书笔记进行编辑整合,做一个经典好书的传播者。一位来自陕西宝鸡某个高校的成员说:"三年前,我也像一些大学生一样迷茫,不知道未来的方向在哪里。后来我偶然发现了富兰克林读书俱乐部,随着和学长们的交流增多,我才摆脱了迷茫的状态。"

2014 年,我换了人生第一部智能手机,并将富书从人人网迁移到微信公众号,开始在公众号深耕,命运的齿轮开始转动。

最初半年多,公众号的数据没有太大起色,粉丝数始终无法突破 1 万。直到国庆前夕,我发布了一篇名为《为何生活中很开朗的人却喜欢独来独往?》的文章,阅读量意外突破了 90 万,粉丝量也从几千迅速涨至 2 万。接下来的春节,我的公众号迎来了大爆发,一周内有多篇阅读量超过 10 万次的文章诞生,粉丝数更是急速增长,富书迅速崛起，成为读书类领域的头部公众号。我深刻体验到了厚积薄发和专注的力量，"天道酬勤""功不唐捐""专注一口井，深挖出水来"成了我的人生信念。

在起步期，或许在很长一段时间内你都得不到正反馈，可一旦到了临界点，你将所向披靡。

最初我的百家号文章得不到推荐，几乎没有阅读量，粉丝数也惨不忍睹，没有任何变现。我坚持一年后，我的百家号终于得到了平台的推荐，上了文化类排行榜，拿到了很多奖金，奖金最高的一次有 2 万元，如今粉丝数早已突破 50 万。

我的头条号一开始也没有阅读量，持续更新半年后，最终冲进榜单前五名。我还被邀请担任平台赛事活动评委，成立了 3 个头条号 MCN，带领旗下原创作者掘金头条号。

在 31 岁生日当天，我开启视频号首场直播，后来完成挑战，连续直播 100 天。

从 2015 年成立公司，开始盈利，招募原创作者，并组建线下团队，我提出了团队口号："能折腾，打胜仗，会玩乐"，并在 2022 年的公司年会上首次总结出富书的核心价值观：

开心、学习、分享；

反思、复盘、成长；

系统、体系、结构；

热爱、责任、感恩。

我们的"迹象体""层次体"文章风靡全网。发表在平台上的文章，很多因质量好被各大公众号争相转载，被收录进人民日报出版社出版的图书《日思夜读》，还被刊登在《黄金时代》《下一站大学》《青年文摘》《读者》《意林》等杂志上。

我们有自己明确的态度和价值观，并将其融入内容创作，写成文章，传播给读者。

我们有三个坚决反对，反对男女性别对立，反对父母和子女对立，反对老板和员工对立。

通过内容影响人、改变人，让这个社会变得更好，这是我们持续更新的自驱力。

每日创作内容时，我们有五问：有哪些事件引发了热议？有哪些话题值得关注？有哪些选题值得写？有哪些标题值得借鉴？有哪些素材值得搜集？

阅读、写作是新时代重要的影响力杠杆，让你低成本打造个人品牌，成为超级个体，从而实现商业变现。我们阅读，写书评，做书单，做读书会，推荐好书，共读好书，策划图书，做知识服务，用文字发声和疗愈他人，陪伴 3 亿人成长、跃迁。

2015 年 6 月 23 日，我在北京注册成立第一家公司，办公室在中国政法大学研究生院宿舍。此后一共乔迁过 9 次，员工人数越来越少（2021 年在广州的员工人数一度达到了 34 人，现在全职员工仅有 3 人），我放弃融资上市，决定小而美地创业，坚定地做一人公司，打造强人设。

我是一名内容操盘手，致力于萃取和共创优质作品，操盘和发售产品、课程和服务，帮助更多人走上内容 IP 创富这条路，让更多人成为超级个体，实现知识掘金，抓住新个体商业红利，把他们的经验、知识和才华变成财富。

流水不争先，争的是滔滔不绝。我相信长期主义，我相信内容的复利。

115

阅读、写作是新时代重要的影响力杠杆，让你低成本打造个人品牌，成为超级个体，从而实现商业变现。

超早期诊断，微病灶治疗，防癌幸福人生

黄小维

癌症防御的 001 号志愿者

AI 长提示词工程师

脑洞创新爱好者

我是黄小维，癌症防御的 001 号志愿者。此外，我还是一名 AI 长提示词工程师、一个脑洞创新爱好者。

我来自成都，从小就对癌症有着深深的恐惧，有几次因为检查报告而把自己吓得半死。**因为癌症和年龄的强相关性，我怕自己和我爱的家人们被癌症盯上，所以战胜癌症的想法一直在我脑海中盘旋。**

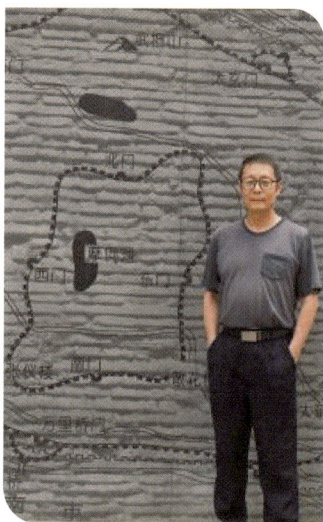

2002 年，我投资灵芝孢子粉和肿瘤外用治疗贴的开发与推广，旨在帮助晚期癌症病人减少放化疗的副作用。其间，我还发起了多次肿瘤公益救助，为无助的病患带去希望。然而，过程并不顺利，项目几近搁浅，但内心深处的信念驱使我继续投入，目的是探索出合适的防癌方法和路径。

2009 年，我又开始投资高能聚焦超声刀并与医院合作，旨在无损伤治疗肝癌、卵巢癌和前列腺癌等疾病。

2011 年，我参与 TAP 肿瘤早期检测技术的推广，致力于发现癌症风险并进行预防。

2012 年至 2013 年，我参与应用缓释库疗法（优美匹克疗法）治疗"癌症之王"——胰腺癌，旨在延长胰腺癌晚期病人的生命。同时，我牵头汇总了多年的肿瘤研究成果，升级了肿瘤临床治疗的 TNM 标准至 TNMs 标准，强调肿瘤微病灶的重要性，并总结出《几百种临床肿瘤治疗方法疗效的"天花板"和治愈率效果的对比表》，发现肿瘤的异质性和多药耐药性是肿瘤治愈困难的关键。这为底层的研究积累了经验。

十年来的积累让我悟到，癌症治愈的关键在于微病灶的早期诊断和干预，我坚定了"超早期诊断，微病灶治疗，把握根治癌症的机会"的理念，并由此提出"薛定谔综合征"的概念。

AI技术的出现是人类历史上一次伟大的进步，我联合创立了ChatGPT会客厅（成都），并成为一个AI长提示词工程师。

2024年，我利用ChatGPT和其他大模型的强大能力，帮助癌症病人和家属获得最新的医学科技信息和匹配病人情况的决策和建议。

著名科学家和未来学家雷·库兹韦尔在《奇点更近》中预言，通用人工智能时代的到来将使人类的平均寿命突破120岁，甚至第一个可以活到1000岁的孩子可能已经诞生！我的心愿是帮助身边的家人以及与癌症抗争的有缘人，能够多活5—10年，争取等待医学技术革命的到来。因为我们正处在一个充满可能性的时代，纳米技术、生物科技与人工智能的飞速进步，将为人类带来前所未有的长寿健康机遇。关于薛定谔综合征，我有以下看法。

（1）当前关于癌症防治的主流认知忽略了介于肿瘤预防和肿瘤治疗之间的薛定谔综合征，引发了系列后果：

①关注外界不良因素和早期筛查，但忽视了微病灶和未活检结节的状态，限制了创新干预方法的使用。

②早期发现和治疗虽重要，但是由于诊断结果的"非黑即白"，相当多典型的薛定谔综合征病人未被重视，导致病人的生存率大幅下降。

③回家休养的病人，由于对薛定谔综合征不了解，没有立刻进行家庭生活方式的干预，未能充分发挥居家的优势，导致病人的治

愈率下滑。

(2)薛定谔综合征指微病灶状态的肿瘤，即直径 3 毫米—1 厘米的早期病灶。现代先进的检测技术虽然能发现这些微病灶，但因其体积较小不便进行有创活检，所以微病灶具有肿瘤确诊的不确定性：阳性和阴性二象性。这一点和量子力学的波粒二象性非常相似，所以微病灶也被称为肿瘤薛定谔综合征。

薛定谔综合征的诊疗现状：医院临床手段的副作用与附带损伤风险使得医生多建议病人回家观察和定期复查，因此微病灶未被有效处理，很有可能导致癌症发展和转移风险增加。

医学界尚未针对薛定谔综合征制定完善的诊疗指南，导致数千万肿瘤患者和高风险人群无法获得及时有效的防护，因此，薛定谔综合征和癌症防御的提出，结合最新的肿瘤进化、微环境、代谢病、肿瘤转移机制等模型，有机会填补现在的临床医学空白：通过主动处理微病灶，降低癌症转移风险，倡导癌症防御的新理念，强调在家干预的重要性，造福更多生命。

十年来的积累让我悟到，癌症治愈的关键在于微病灶的早期诊断和干预，我坚定了"超早期诊断，微病灶治疗，把握根治癌症的机会"的理念。

传奇人生的幸福密码

林嘉怡

129 Life 教育科技公司董事长
AT 天赋优势赋能系统创立者
密码酷百万添富计划发起人

我是嘉怡老师,一名在教育领域摸爬滚打了35年的创业者。这35年,就像一段漫长而充满意义的旅程。

我曾经带领团队一路前行,在团队的发展过程中,我们做出了很多成绩,比如精心打造了密码酷App,这个在全球范围内都有一定影响力的性格大数据软件产品,吸引了百万付费用户。我们的线下课程种类丰富多样,涵盖了多个领域,目的就是帮助学员们挖掘自身潜力,找到幸福的方向。

如今公司在美国上市,这是我创业旅程中一个新的里程碑。我不断探索如何让普通人也能进行幸福感创业,就像我自己一路走来的历程一样,每一个阶段都有独特的意义,每一个挑战都是成长的机会。

01 天赋优势:开启幸福人生

在生活中,我目睹了许多令人心痛的场景。有些人虽然表面上看起来过着幸福的生活,但内心承受着巨大的压力,比如一些成功人士,他们虽然在事业上取得了辉煌的成就,但家庭关系处理得一团糟;还有一些年轻的上班族,他们在工作中忙碌奔波,却找不到自己的价值和方向。这些现象让我深感痛心,也让我意识到自己肩负的责任重大。作为一名教育工作者,我不能仅仅满足于传授知识,更要关注人们的心理健康和幸福指数。于是,我下定决心打造一个独特的教育平台,希望能够帮助这些人解决他们的问题。

目前,我们公司有100多万名学员,这是一个庞大的数字,也是大家对我们工作的认可。每个月我们都会开设100多堂线下课,这些课程内容丰富多样,涵盖了天赋优势心理学、全息系统、心动力·

沙盘、OH 卡、艺术心理学、职业潜能探索等十几条项目线。这些课程的设计都是基于人们在不同生活场景下的需求而制定的。

我担任 CEO 的亚洲培训集团自创立之初，就确定了"为人们创造幸福生态"的使命。我认为，教育不仅仅是为了传授知识，更是为了培养人们的幸福感。为了让这个使命落地生根，我把先进的教育理念和前沿的技术深度融合。在这个信息爆炸的时代，传统的教育方式已经不能满足人们的需求，我们必须借助科技的力量，为大众提供全方位的教育服务。在我们的价值观里，尊重每一个个体的独特性是非常重要的一点。我始终相信，每一个人都是一颗独一无二的星星，都蕴含着无限的潜力。无论每一个个体的出身或者现状如何，只要给予正确的引导和机会，他们都能够绽放出耀眼的光芒。

02 为大学生求职助力

"职引未来职场营"是为即将毕业的大学生和职场新人提供的一个全方位的职业培训平台。这个职场营精心设计了 24 堂课，涉及从职业规划到求职技巧，从心理调适到实践能力提升等方面，全方位地帮助学员解决求职问题。

职业规划是职场营的重要环节之一。在这个环节，学员们将学习如何根据自己的兴趣、能力和价值观来制订职业目标。我们会引导学员自我评估，帮助他们了解自己的优势和劣势，从而找到适合自己的职业方向，例如，有一位学员在参加职场营之前，一直想从事市场营销方面的工作，但他并不知道自己是否适合这个职业。通过职业规划课程的学习，他发现自己具有很强的沟通能力和市场洞察力，于是他将市场营销作为自己的职业目标。

03 海外市场:拓展幸福版图

除了在国内发展,我还积极拓展海外市场。我带着公司在新加坡、马来西亚、美国、英国、日本等国家开展业务。在这个过程中,我遇到了很多文化差异和政策法规方面的挑战,但是,我始终坚信,只要我们能够提供优质的产品和服务,就一定能够赢得海外学员的认可。

海外学员对我们课程的评价非常高。他们说我们的课程内容丰富新颖,不仅能够帮助他们提升自己的能力,还能够让他们更好地了解当地的文化和社会环境。

04 密码酷:数智化的幸福引擎

密码酷这个平台是我精心打造的线上幸福家园。我希望学员们能够在这个平台上找到属于自己的幸福。在这个平台上,学员们可以根据自己的需求和兴趣选择课程和活动。我们通过智能推荐系统,为学员们推荐适合自己的学习内容。

天赋报告的生成,亲子关系、亲密关系、职场关系等关系类测评报告的生成,还有测评解析、流年财富、天赋学堂等功能,都是为了让学员更深入地了解自己,比如,亲子报告可以从多个维度分析亲子关系,解锁最适合自己的亲子相处模式,为客户现有的亲子关系提出客观建议与改进方式;流年财富功能则是从财富的角度为学员提供一些指导和建议;天赋学堂则是为学员提供一个学习的平台,让他们能够学习更多关于天赋优势的知识。

05 AI : 科技驱动的创新

现在，AI 成为推动我们产品创新发展的核心力量。我设想将 AI 技术融入密码酷 App，为用户带来全新的体验。我和我的团队一直在探索新的 AI 算法和模型，致力于提升产品的智能化水平。我们研发的新 AI 算法能够更准确地识别用户的情绪和情感状态，从而为用户提供更加个性化、贴心的服务。

06 个人品牌与影响力

我这一路走来，积累了很多经验，这些经验对我来说都是宝贵的财富。我想把它们记录下来，打造自己的个人 IP。我想以个人品牌为核心，把我的知识、经验和价值观融入其中。通过精心设计的内容，不管是文字形式、图像形式还是视频形式，展现我对生活的独特见解和对事业的追求。

这个个人 IP 对我来说不仅仅是一个个人标识，更是推动公司发

展的动力。我希望通过这个 IP，能够让更多的人了解我们的公司和产品，也能够让更多的人受益于我们的教育理念和服务。

07 35 年教育创业路，探寻幸福密码的征程

回顾我这 35 年的教育创业历程，每一步都充满挑战与机遇。从最初对教育的一腔热血，到创立亚洲培训集团后的一系列探索，我始终朝着为人们创造幸福生态的目标前行。尽管一路上遇到了诸多困难，但这些都没有阻挡我前进的步伐。

看到公司如今取得的成绩，如密码酷 App 的成功、海外市场的认可、职场营对大学生求职的帮助等，我深感欣慰。对未来，我依然充满信心。随着科技的不断发展，特别是 AI 技术在教育领域的深入应用，我将带领团队继续创新，不断优化产品和服务。

我希望通过我们共同的努力，能让更多的人找到属于自己的幸福密码。这就是我这个教育创业者的愿景，它激励着我不断前行，永不止步。

这个个人 IP 对我来说不仅仅是一个个人标识，更是推动公司发展的动力。

从山村女孩到祛斑
掌门人的蜕变之路

凌定坤

毕业于湖南大学

独资自营 11 家祛斑祛痘美容院 20 年

广州佳葆生物科技有限公司创始人

您好，我是凌定坤。一个从湖南山村走出来的创业者，也是广州佳葆生物科技有限公司的创始人。

今天，我想分享的核心内容是成交靠的不是销售技巧，而是强人设的信任背书。我是如何用强人设开了11家祛斑美容直营店，服务过20000多位客户，还能保持95％的满意度？接下来从以下四个方面进行分析。

01 利他和感恩慈善基因的传承

我出生在湖南一个很有爱的大家庭，我有2个姐姐和4个哥哥。常有朋友问我："你这辈子最崇拜的人是谁？"我最崇拜的人是我的父母。他们的秉性对我的一生影响至深，他们幽默又风趣，待人厚道，做事很大气，对生活总是充满热情，从不抱怨，并且很会过日子。

在那个连饭都吃不饱的年代，一字不识的妈妈做布料生意，还开了一个小旅馆，给住宿的人做香香的饭菜和米酒，并且养了几头猪。妈妈总可以把家里打理得井井有条、干干净净。爸爸做木材和石材等生意，经常吹着口哨刻石材，还经常批发水果回来让我和哥哥们去卖。父母经常把家里最好的菜送给一位孤寡奶奶，还收留一些无家可归的智障老人，资助孤儿上学，将整头猪送给敬老院，给老人家改善伙食。这样的善举坚持了几十年。

父母都是活到九十多岁离开我们的。我深深地怀念我的父母，他们的言传身教让我懂得，这一辈子必须不断地培养良好的品质。我希望自己能有像父母一样的大爱和情怀。这在我心中埋下了两颗种子：利他和感恩慈善的人文关怀基因。我的父母塑造了我强大的世界观和价值观。

02 用跨界思维破局

1995 年,我从湖南大学计算机应用专业毕业,南下广州。4 年机关单位和 5 年外企的工作经验,赋予我独特的跨界视角。2004 年,我偶然发现祛斑美容行业的巨大市场潜力,于是果断辞职转型,用计算机的精准思维重构祛斑美容的服务模型。

03 用笨功夫赢得信任

2005 年,我为了快速入局祛斑美容市场,花了 8.8 万元接手一家月营收仅 2000 元的祛斑美容院。半年内,我没请美容师,独自工作,每天除了回家睡觉,其余时间都待在美容院里。每天邀请 3～4 个客人一对一面谈,深入沟通,了解客人的皮肤状况和诉求,在将客人的信息进行系统化的归纳整理后,我做了 3 件"疯狂"的事:1. 免费为所有不满意的客户重做;2. 每月赠送客户 2 次价值 380 元的定制护理服务;3. 建立终生服务体系。

萄姐因常年熬夜满脸黑斑,我采用综合方案"饮食起居运动情志四合理＋产品＋技术",让她的皮肤焕然一新。她的转变为我带来了很多顾客,直接带动第二家分店开业。如今 59 岁的萄姐仍是舞台上的"气质担当",持续为我转介绍客户。

客户是行走的广告牌。长期贴心跟进服务,转介绍便成为自然而然的事。

04 强人设的五大内核

1. 形象力

我童年和少年的闲暇时间都是在销售水果、年货，那时我就知道"形象"在销售中的重要性。我刚大学毕业时，就花了 2000 元（当时 3 个多月的工资）在广州做了个人形象分析。了解自己和客观分析自己是树立形象最重要的一环，然后持久地悉心塑造自己独特而专业的形象。我在政府机关工作 4 年，年年获得"先进工作者"称号，在外资企业工作 5 年，也获得了同事们的认可和肯定，除了用心努力工作之外，和我的专业形象有很大关系。进入祛斑美容行业后，我还参加了专业的礼仪培训，不惜成本地建立和保持我的专业形象。而我专业的形象，让客户第一眼就能记住我。

2. 专业力

如果说我的形象能让目标客户很好地记住我，那想要目标客户真正认可我，就离不开专业力，真正满足与解决客户的实际需求与问题。为此，我做了以下努力。

学习专业知识：从前妈妈经常煲些药食两用的中草药鸡汤给我们喝，我深受影响，遵从内调外养的生活方式。在 30 岁前，我已经系统地学习过中医基础理论，如中医养生、中医美容。进入祛斑美容行业后，我更加深入地学习了皮肤的专业知识、各种色斑管理的专业知识及各种仪器分解色素的专业知识，还经常参加国际护肤培训，提升自我。

实操：我经常展露完美的笑容接待客户，为客户提供正确的指导，做到一人一方案，细心地跟进，以达到最佳的效果。

服务：把客户脸上的斑祛干净以后，我的服务没有结束，"授人以鱼，不如授人以渔"，我每月为客户做两次免费保养，持续地检查客户的皮肤状态，教客户居家保养皮肤的方法，直到客户养成良好的护肤习惯为止。

分享：我经常在不同的场合公开讲课，分享自己的思想、价值观、生活理念，展示自己的才华和生活状态，影响、帮助他人，让他们变得更好。我只要被更多人看见，就能吸引更多的客户。

3. 共情力

想要获得用户的信赖，除了用专业知识解决客户的问题，还要让客户从认可我的专业能力升级为认可我这个人。这个时代不缺有才的人，但缺用心的人。交付是基本，交心才是撒手锏。我懂客户，把客户当朋友、当亲人，这样大大提升了交付的有效性，提高了客户的获得感，比如，客户在家庭或工作中遇到挫折时，我会和客户见面喝茶、吃饭或短途旅行，了解客户的难处，用心聆听，为客户解忧。

4. 持久力

我坚持每月 2 次为客户提供免费个性化的护理，这不是营销策略，而是出于商业信仰。我们建立的客户数据库显示：95%的满意度来自超预期服务，70%的新客来自老客自发推荐。当同行在追逐短期暴利时，我们追求终生价值管理，用复利思维保障客户的利益。

5. 幸福力

我每帮助一位女性重获美丽和自信，就间接提高了一个家庭的幸福指数。20000 多个案例背后，是 20000 多个关于自我接纳的动人故事。我们正将"祛斑"升级为"心理疗愈"，从皮肤到心灵赋能女性。

05 结语：人设决定事业的高度

"以此为生，精于此术，专于此业，忠于此道。"从程序员到祛斑美容主理人，变的是形式，不变的是极致匠心。在注意力稀缺的时代，唯有真实立体的强人设，才能让成交如呼吸般自然。

想调整皮肤、正在从事美容业或想从事美容业的朋友可以联系我，一起交流学习，让我们用专业见证改变，用真诚赢得信任。

在注意力稀缺的时代，唯有真实立体的强人设，才能让成交如呼吸般自然。

负债千万，关停业务，轻装上阵

麦嘉大叔

15 年品牌营销专家
硬科技领域独立投资人

我是麦嘉大叔，一个假大叔。为什么给自己取这个名字？是因为现在很多年轻人都喜欢大叔，而且被称呼"大叔"时，我好像莫名地更有安全感。

曾经，我是多个国际知名豪华汽车品牌的营销专家。在经历 4 次创业失败后，负债近 1000 万元，无奈卖了一套北京的房子。当你看到本文时，我可能正在或者已经停了公司的主营业务，也就是第 5 次创业即将或已经宣告失败。

我现在是一家年营收 2 亿元的营销服务公司的合伙人，拥有超过 15 年的品牌营销经验。同时，我也是估值 10 亿元的臻芯龙为（上海）半导体材料有限公司的天使投资人。

在此，我想分享一些自己的经历与感悟，希望对你有所启发。

01 学历证书只是敲门砖

小时候，我家并不富裕，但因为父母是做食品生意的，所以我从来不缺零食，这点让很多同学羡慕不已。

我是个比较自律的孩子，学习很自觉，所以学习成绩一直在学校排前 3 名，还在奥数比赛中获过奖。后来我一路升入重点初中、重点高中，本科考入一所 985 院校，毕业后被保送到了另一所 985 院校读硕士。看上去，我将来的路应该是顺风顺水的。

我的本科和硕士专业虽然都是理工科专业，但是自己对技术却一直不感兴趣。上学期间，我最感兴趣的就是财经和商业类信息，所以毕业后，我并没有从事汽车行业的技术类工作，而是一直扎根于汽车市场营销的相关领域。

毕业后10年，我一直在多个国际知名汽车品牌的市场营销部门工作，算是汽车行业的"大厂"吧，但是在大厂打工，我一直不安心，总觉得自己不应该只有这些能力和价值，做其他的事情一定能干出名堂，获得更高的收入，所以在2020年，我辞职了。

辞职后，艰苦的创业之旅就开始了。

我参与创立了一家汽车零部件的科技公司，帮助公司以6亿元估值融资1亿元。后来我选择了离开，什么都没有带走。

我投资并参与筹建了一家大型儿童教育综合体，疫情期间倒闭，血本无归。

我开了一家社区型威士忌酒吧，想以此为原点，复制更多社区连锁门店。结果可想而知，也失败了。

我为热狗这一细分产品设计了一整套商业模式，极其兴奋地想要大干一场，还融了数百万元的天使资金。用了3个月时间做MVP试验失败后，我果断停下业务，自己承担了所有损失，如数将天使资金退还给了信任我的朋友们。

最后，兜兜转转，我又回到了熟悉的市场营销领域，成为一家传统营销服务公司的合伙人，由曾经的甲方变为了乙方。这里我特意强调了"传统"，是因为虽然我们服务于大家耳熟能详的品牌，也在以"小目标"为单位计算着年营收，但是很可惜，夕阳产业真的很难盈利，近几年都是亏损的状态，所以危机一直没有解除。

这就是我迄今为止的人生经历，总结起来就是一句话：不但没赚到钱，还欠了一身债。

身边有很多人为我感到可惜并表示怀疑:我有不错的学历背景,为什么会这样?经历了这么多跌宕起伏后,我认为,学历证书只能算一块敲门砖。真正能够发挥无穷价值的,应该是在获取学历证书的过程中所掌握的解决问题的方法、浸淫其中的环境、认识的各种优秀人才、积累的各维度认知、处理复杂关系的能力、跟权威人物磨合的能力、坚韧不拔的人格。归纳起来就是资源与认知。

02 在"正经"的道路上越走越迷茫

从我的人生经历可以看到,我一路走来,道路都很"正经",不管是打工还是创业的道路。这里的"正经",是正统的意思,一切都是按照自己正统的认知去做事。一个人的认知会受到价值观、知识结构、生活经历等因素的影响。一旦认知形成,看待事物和现象的态度就会相对固化。

可是在这条"正经"的道路上,我越走越迷茫。

举个例子。在现在如此恶劣的市场环境下,公司发展遇到了难题,我们思考如何破局,寻找出路。在主营业务无法突破的情况下,我们能拓展什么新业务呢?

结合多年服务品牌客户过程中积累的市场营销全链路资源,再分析市场上的热点趋势,我们觉得自己在品牌文创产品开发运营、中老年文娱服务、艺术家居用品、新能源汽车轻改装用品、宠物用品出海等业务方向都有潜力,于是,我们开始了相关业务的探索。从前期的市场调研、分析,到自身的定位、产品开发,再到运营模式研究、经营预期,做了一份非常完整的商业计划。但是,考虑到需要投入资金、组建团队、开拓渠道,又无法迅速有成效,几个合伙人意见不一。转型之路就因此一直拖延，不了了之。

03 偶遇导师，想深入探索如何不"正经"

我是李海峰老师描述的那种典型的"深度学习者"——每天都在各平台获得大量的信息，也付费学习过一些课程，享受着学习的快感，但没有任何实践。

直到偶然间在视频号上看到肖厂长的短视频，我被"一人公司"这个词吸引并产生了兴趣。随后，我在直播间从头到尾听了 8 天课，改变了我很多正统的认知。我知道，这一次我真的要行动起来了，要和肖厂长学习并实践如何可以不"正经"地往前走了。

我有一个优质的万人私域流量池，却从来没有思考过如何利用它来产生直接的收益。我一直默默地告诉自己：我不适合做这个。现在我才意识到，很多事情并不是"我不适合"，而是"我不会"。

对任何一个新的生态或新的商业模式，第一步永远是正确地学习。要彻底搞懂方法论和底层逻辑，多结识靠谱的同行，多听、多问、多研究。真正的学习者不是为了博学而学习，而是学到的东西能为我所有、为我所用。知识不重要，结果才重要，能帮助我创造价值的才是有用的知识。教育的终点不是知识，而是行动。

跟对导师，学习会事半功倍。向有结果的人靠近，自己才更容易靠近结果。

我是麦嘉大叔，一个假大叔。此时我已经奔跑在路上，探索不一样的私域运营。

对任何一个新的生态或新的商业模式，第一步永远是正确地学习。

全职妈妈华丽转身，
开启教育规划新征程

秋秋

教育规划师

TalentsDISC 青少年测评解读师

某世界 500 强公司前项目经理

我是秋秋，本名廖丽秋，是肖厂长的恒星私董。

我是某世界 500 强公司前项目负责人，从世界级手机品牌到世界级汽车品牌，用 11 年的青春伴随企业的成长。

彼时的我，在家人眼里，事业稳定，前途可期；在同事眼里，我在一个重要的外派项目中表现出色，受到高层的肯定和信任。之后我收到好几个有吸引力的邀约。

就在我以为自己会在这家企业工作到退休，甚至买了要签绑定 12 年合约的福利房、签了无固定期限劳动合同时，命运却悄然按下暂停键。长期伏案工作，加之怀孕、带娃的艰辛，我的身体状况频频亮起红灯，腰疼问题日益严重。看到母亲的疲惫和对自身情况的考量后，我最终决定回归家庭，守护家人与健康。在离职交接之际，我的腰椎间盘突出症急性发作，卧床不起的一周，似是命运对我决定的最后宣告。

全职妈妈的生活，并非像想象中那样闲适。面对高需求宝宝的日夜折腾，我身心俱疲，旧疾频发。在调养身体的过程中，我惊觉竟错过了孩子学习的几个窗口期，满心懊悔却无力补救。

01 教育规划带来的全盘视角

直到一年多前，一个偶然的契机，我看了阿留老师的直播，阿留老师的话如同一束光照进我的世界，让我接触到教育规划这一全新领域，也让我由此走上了蜕变之旅。

教育规划，绝非简单的学业安排，它涵盖五大核心板块：

板块一：学科规划

这是从小一步一步积累出来的。到了什么年龄，该学什么就学什么，别太早也别太晚。那些学得很痛苦的学生，很可能是从小的教育规划有问题。

板块二：兴趣特长规划

音乐、美术、舞蹈、体育、编程……到底该怎么选？其实孩子兴趣特长的培养也需要规划，不能想当然。大原则是广泛试错，及时止损，精准培养。学龄前和小学一二年级的孩子可以广泛试错，后续精准培养，不要贪多求全。

板块三：升学路径规划

公立私立、派位划片、点招点考、强基计划、综合评价、三位一体……看到这么多词，可能很多家长一开始都是懵的。这一路的升学路径，如果你到一步走一步，后果很可能是你的孩子跟别人的孩子考同样分数，但上的学校就不如别人的。

板块四：身份规划

这里不展开，留到教育规划营给大家详细讲。

板块五：教育财务规划

这是重中之重，无论家境如何，都要提早规划，莫让资金短缺成为孩子求学路上的绊脚石。

学科硬实力、特长软实力，这两个是孩子成才的两大支柱；升学路线是"天花板"，决定了孩子的上限，即能够去哪儿上学；身份规划是锦上添花，有就最好，没有也不纠结；财务规划，这个是地基，用来支撑整个框架。

正所谓"父母之爱子，则为之计深远"，做好教育规划就是为孩子"计深远"。

02 实践中的体会

在实践中，我深刻领悟到教育规划的力量，它宛如精准的导航，为家长指引方向，让孩子从呱呱坠地至 18 岁步入大学，在教育岔路口不再迷茫无措。为女儿精心绘制教育规划地图后，我内心笃定，步履从容，每一步都朝着理想迈进。

教育路径虽可规划，但不是选择越多越好。只需选择一条最适合孩子和家庭的道路，并在正确的时间做正确的事，就能轻松高效地学习。

大多数学习好的孩子，不一定是天才型选手，而是其父母在孩子每个成长阶段引入了合适的学习内容，让他们能在学习上事半功倍。

03 用规划导航，用情商护航

有了教育规划报告，就一定能执行下去吗？不，我深知，仅有规划远远不够。

在孩子成长路上，情绪波澜时有出现，如考试失利、比赛落败、人际交往受挫皆可能让孩子内心笼罩阴霾，于是，我潜心钻研儿童情商教育，在孩子遇到问题情绪低落时，给予温暖抚慰，待其平复后，共同探寻解决之策，确保教育良策落地。

一次系统的教育规划，恰似导航引领方向；一个情绪稳定的孩子，拥有应对万变世界的"心灵铠甲"。从现在开始，让我们用科学的方式去养育下一代。

如今，我已帮助很多身边朋友的孩子，听到电话那头传来的欢声笑语，我更加坚定了前行的决心。未来，我愿成为更多孩子成长路上的引航者，用专业与爱为他们的未来保驾护航。

最后，我想对希望孩子健康成长的父母们说：教育规划应该遵循孩子的成长规律，让孩子在快乐中学习和成长。每个孩子都需要做一次教育规划，合理安排学习和发展路径。毕竟，孩子的成长没有回头路，科学引导能为他们点亮未来的璀璨星光。

教育规划应该遵循孩子的成长规律，让孩子在快乐中学习和成长。

跨界者的通关密语：
解密高价值社交的破圈法

尚尚

尚之社社交平台创始人
构建社交高价值人脉

我是尚尚，尚之设社交平台创始人，社交生态革新者。我创建了"向上社交三维模型"，重构人脉逻辑。我们平台累计促成30多次深度合作，助推项目融资超50亿元，提出了社交资本银行人脉激活法，研发了社交价值诊断系统，帮助用户实现职业跃迁。我们通过打造"智慧酒会""能量充值站"等场景，构建社交生产力体系，致力于让每个人成为别人的"人生加速器"。

01 序章：798 艺术区的启示录

2008 年北京奥运会前夕，798 艺术区锈迹斑斑的蒸汽管道旁，我采访了行为艺术家老徐。当我问及"如何让水墨画登上米兰设计周"时，老徐突然指向正在布展的德国工程师："答案在他调试的全息投影仪里，而钥匙在你手中的采访本上。"这个充满隐喻的回答，在十年后演化成能尚汇社交平台的核心公式：跨界成功率 ＝认知差×连接精度。

我在回忆录里写道："真正的社交革命，始于我们发现，所有行业间的柏林墙，都是用人脉的砖块砌成的。"

02 第一幕：跨界密码的破译

在跟踪报道中国设计力量崛起时，我发现所有破圈案例都遵循"三度连接法则"。

(1)认知差异：故宫文创团队通过茶会结识量子物理学者，将波函数概念转化为《千里江山图》动态光影展。

(2)资源异构：某地方剧团在创投酒会上偶遇 AI 工程师，催生出全球首部人工智能参演的话剧。

(3)价值共振：非遗传承人在读书会上与区块链极客碰撞，诞生数字皮影 NFT 平台。

"跨界不是做加法，而是寻找化学反应方程式。"在 2013 年上海设计周期间，我启动跨界连接实验室，用媒体人的洞察力拆解了 127 个成功案例，提炼出"跨界黄金三角模型"。

浅度层：打造"深夜食堂"场景，消解专业壁垒。

精度层：开发"跨界适配度算法"，量化合作潜能。

深度层：构建"价值孵化加速器"，实现长效转化。

03 第二幕：跨界制造的流水线

能尚汇社交平台如同跨界创新的驱动器，用创新流程量产奇迹。

1. 原料输入：用跨界创新检测系统扫描用户的认知维度。

2. 预处理：认知差异计算出相匹配的最佳组合。

3. 催化反应：创变实验室提供跨界配方模板（传统工艺×新材

料,地方文化×元宇宙等)。

4.成品输出:用价值放大器对接产业链资源,实现商业转化。

现象级案例有敦煌密码,壁画修复师＋游戏原画师＋声学工程师＝沉浸式石窟体验馆(落地 23 国);茶道革命,茶艺大师＋神经科学家＋工业设计师＝脑波感应茶具(获红点至尊奖);乡村振兴方程式,苗绣传承人＋大数据分析师＋跨境电商操盘手＝非遗纹样数据库(带动 37 个传统村落发展)。

平台数据显示,遵循"三温区跨界法则"的项目,商业成功率提升了 4.8 倍,创新溢价达到行业均值的 73％。

04 第三幕:无界时代的连接法则

当元宇宙模糊现实边界,能尚汇构建出更激进的跨界生态:

认知混血计划:每月举办"专业换魂夜"活动,让建筑师体验模拟神经外科手术。

资源重组引擎:AI 实时扫描全球产业链缺口,生成跨界合作热力图。

价值裂变工场:独创"跨界 IPO 路演",某"昆曲×电竞"项目 7 小时估值破亿元。

现象级案例有景德镇匠人用卫星陶瓷技术制作"月球窑变釉"、京剧名家与量子计算团队共创《薛定谔的霸王别姬》、草原牧民与 MIT 实验室联合研发智能放牧系统、羌绣出现在巴黎时装周的餐巾纸上。

　　能尚汇社交平台的跨界项目年均增长率为 17％，28％的参与者获得跨维度成长，更有 14 个团队创造出全新的行业品类。

　　未来十年的核心竞争力，是驾驭认知差异的能力、资源异构的能力、价值共振的能力。

未来十年的核心竞争力，是驾驭认知差异的能力、资源异构的能力、价值共振的能力。

美业新纪元：

科技赋能、人设崛起

与持续盈利的破局之路

舍予

智美商业增长战略专家

23 年实战型美业运营领航者

专注于构建千万级企业增长系统

在美容行业，大多数从业人员的学历很低，他们虽家境贫寒，但立志要改变命运，背井离乡来到北、上、广、深这些一线城市打拼，从开一个小店做起。凡是能坚持十几年的，都能积累数目不菲的财富。

过去的 30 年，有些人可以通过勤奋赚钱，是因为机会很多，而信息又不透明。可是今天，当 AI 时代来临，我们美业人感受到了前所未有的恐慌：门店客户越来越少，他们去哪里了？客户的消费金额也减少了很多，他们把钱花到哪里去了？员工更是难招、难培养，大部分美容院的员工数量与床位数量严重不匹配，能达到 1∶1 的都少之又少，更别说达到良性的 1∶1.5 了。面对高昂的运营费用，老板们不得不做促销活动才能生存下来，有现金、没利润成为线下美业的通病。

如何走出行业的暗黑时刻？作为一个从业 23 年的美业"老兵"，我愿把将多年的运营管理经验提炼总结而成的美业 EMBA 管理课程结合 AI 智能体的运用来赋能美业，让行业找到一套可以落地的方法论。

我做美业 23 年了，客户及学员对我用得最多的称呼是"舒老师"。2024 年 11 月 28 日，我将自己的微信名改为"舍予老师"，意为奉献自我给予他人力量。我常跟我的客户说，我要工作到 70 岁才退休。**用毕生的力量，让美业常青，让更多美业人获得尊重。**

多年来，我积累了大量的市场运营管理经验，包括企业战略定位、确定商业模式、品牌打造、市场推广、营销策划、运营管理、团队培训、项目研发、开店模型。我每年会管理超十家连锁企业的运营，并打造了多个利润品,提高了相关企业的利润。我精心策划的年度营销活动方案帮助企业实现业绩增长 60％以上,甚至有的实现了高达 100％的增长率。

接下来,我分享几个优秀的企业案例。

(1)战略发展咨询服务类

深圳美丽星辰美容连锁企业:我常年担任其运营陪跑顾问及团队教育落地导师,与其共同经历了行业波动期的挑战。2022 年,受疫情影响,该企业面临阶段性的增长瓶颈,但通过精准的战略调整与运营优化,次年它即实现了显著的业绩反弹,并保持稳健增长。2024 年,在经济形势如此严峻的情况下,它仍交出了亮眼的答卷。

(2)营销策划执行服务类

上海香秀空间美容连锁企业:我为其领航者战队提供年度营销专案及执行方案。在 2024 年的最后 2 个月,我用一场精心策划的年终答谢客户活动进行拉动,圆满完成全年业绩目标。这场线上战役,不仅帮助该企业完成年度业绩目标,更以高效能策略证明了"短周期爆发式增长"的可能性。

(3)顾问式陪跑类

辽宁葫芦岛兴城花蕾美容企业:我们通过顾问式陪跑,协助该企业重构品类体系(从超低客单价品类到完善的品类结构和价格体系),升级服务标准(从有人情味的服务到五星级专业服务),并建立可持续的管理模型(从无序的管理到建立标准化管理系统)。3 年间,该企业实现了规模与价值的双重飞跃,连续实现业绩 100％增长,为区域市场扩张奠定了良好的基础。

(4)品牌打造服务类

大连明海美业集团:我为该企业提供品牌打造服务,以"中国皮肤大健康第一品牌"为战略定位,让品牌有力量,快速破局。我们从品牌基因、运营模型到团队赋能进行全面升级,从公司定位、市场推广模式、营销活动设计、员工培训工作模型到服务标准流程、专业技术、团队打造等进行指导和训练。5年内,该企业从本土品牌跃升为全国性行业标杆品牌,加盟店突破千家,年产值跻身亿元级梯队,至今仍保持强劲的增长势头,继续扩张。

关于今后的美业发展策略,我提出几点建议,供美业老板参考。

(1)数字化转型:构建智能管理体系

部署 ERP、CRM 系统,实现"人、货、场"全链路数字化。结合 AI 数据分析,动态优化库存、客情及财务流程(可利用轻量化 SaaS 工具,降低转型门槛),让老板通过看数据做目标管理与决策,避免以往凭感觉和拍脑袋决策给企业带来的损失。用数据分析做正确的事,做离目标最近的事。通过数据分析找到经营规律,及时调整方向。

(2)全域 IP 化经营:突破单店营收"天花板"

通过 AI 工具打造创始人、技师专业 IP 矩阵,打造"服务＋产品＋知识付费"三维收入模型。

美业门店利润来源的局限性很大,基本以产品价差为主,企业竞争优势不够突出,基本没有竞争壁垒,加之人员培养周期长,美业门店老板在短期内很难获得很高的利润和增长,所以大多使用储值卡的形式,获取大笔现金流,但同时增加了负债的风险。年复一年,进入恶性循环。如今,美业门店老板破局的最快方法不是请专家做高客单,也不是引进新项目,更不是花钱搞装修、搞花样,因为这些方式翻来覆去赚的还是老客户的钱,很容易把企业逼上绝路。利用好 AI 数字人和 AI 智能体工具,快速搭建企业账号矩阵,在抖音、视频号、小红书、快手平台开设多个账号，每天批量产出短视频作品，短时间内就能让你的企业在当地"霸屏"。同城用户无论登录哪个平台的账号，都能刷到你的短视频，再将实体店服务与爆品结合，吸引用户下单购买，实现流量变现与用户层层转化升单。所以，当下实体店老板打造个人 IP 人设最快速的变现方法就是将公域流量转化为私域流量，完成不同形式的变现，而非采用过往靠一单一单的产品差价获取利润的方式。

(3)精细化运营：数据驱动的盈利革命

实体店赢利要聚焦六大核心指标：获客成本、转化率、客单价、复购率、坪效、人效。业绩和利润是设计出来的，建议引入动态定价系统，根据客户消费数据智能调整服务套餐，而非采用老套的疗程卡和套盒销售模式。布局私域 OMO 模式，即线上预约、家居护理、到店深度服务。关注 Z 世代的需求，开发"快美容"项目（午休式护理）。门店追求高利润的前提是合规化运营，提前准备好医疗美容资质备案。

(4)技术赋能体验：重新定义专业价值

线上消费和实体店购买最大的区别就是售后服务环节，想要留住顾客并让他们长期购买，除了良好的交付效果，专业、精准的检测跟踪系统必不可少，所以美业门店需要升级智能检测设备（如 3D 皮肤分析仪），为顾客建立动态的跟踪管理系统，为顾客提供长期的服务保障。在技术上，不断精进匠人手法，结合科技手段，提升服务溢价。

每年都会有人问我："舒老师，您对今年的形势怎么看？"我说："我怎么看不重要，重要的是你怎么做。"

一句话能毁掉一个企业、一个人，一句话同样能拯救一个企业、一个人，所以无论前方的路途多么坎坷，我不会因为所谓的"大咖"贩卖焦虑而坐立不安，也不会因专家的"行业风口、红利"而兴奋不已。做企业始终要坚守创业初心，坚持客户第一的思想。

在前进的路上，我一直在创新和学习，从未停下。

在前进的路上，我一直在创新和学习，从未停下。

从出世到入世，
只为赋能更多人

圣仁

发售负责人

风控女王

福布斯环球联盟创新企业家、联盟秘书长

我是释圣仁，是肖厂长的恒星私董之一，也是厂长团队的"风控女王"，还是年发售七八千万元的中台发售项目负责人。

在教培行业，我做了 10 年的管理与行业调研，服务过多家 500 强企业，负责的过亿元的项目不下 3 个。

我做发售，2 年的商品交易总额（GMV）累计破亿元，不仅自己成为"福布斯环球联盟创新企业家"，还作为联盟秘书长，与肖厂长一起，发现并赋能了近百位优秀的创业者。另外，我们团队还为肖厂长数十万名粉丝提供服务。

与常人的身世不同，我师从禅宗临济宗第四十五代传人修行，法号仁敬。我是中国佛教协会名誉会长最小的关门弟子，被赐字顿红，号觉法。

从 2 岁起，我有近十年游走在祖国百余座庙宇之间，听从众多方丈、住持、大德的教诲。假若不入世，如今的我可能已经接了师父的衣钵，去四海讲经弘法。

儿时过早地出世，让我无法理解：老板们名利双收，都财富自由了，为什么还有那么多烦恼？老板们求问前程，师父都会用"但行好事，莫问前程"这八个字回应。十岁的我，还不能明白其中的深意。思虑再三，我跟师父请示，修行是为了普度众生，但众生的疾苦，我却全然不知。没有经历过，如何度人？与其从小出世修行，六根清净，不如入世，在历练中修行修心，我才有资格度人。

机缘巧合，在九年义务教育阶段，我辗转了 10 余所学校，感受到了山沟、村镇、区县、一线城市学校之间的差距。过大的落差感，让我陷入迷茫。我开始厌学，思考上学受教育的意义到底是什么。

辍学了 1 年多，我在市郊的山上，日出而起，日落而归，田园生活让我逐渐恢复了内心的平静，也让我找到了人生的目标——为当下的社会，为我接触到的人，做点什么，让大家过得更好。

境随心转，我从被动受教育变成主动学习，开始塑造自己的品格、锻炼需要具备的能力。辍学和跨省转学让我在回归校园后，学业一落千丈，但"发心"有了，自会"正行"。我在拿了多次国家级奖项、北京市三好学生等奖项后，开始陆续参加国家级双创活动和服务于一些 500 强企业。再后来，我与厂长结缘，参与多个红极一时的教培项目，为行业培养出了众多项目、产品、运营、增长负责人，操盘手，投手。

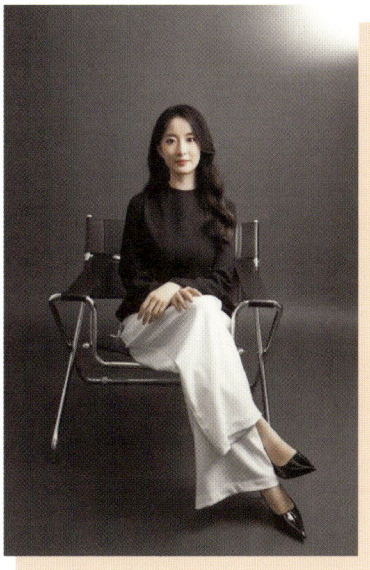

01 强人设成交的根本，在于发心与德行

选客户是为了成交，招人做管理也是为了成交。在日常做管理的五大环节（选、用、育、留、走），我们会更有人情味儿，就连离职的小伙伴都会特意写感谢信给我，说他在恒星一年顶十年。我希望可以借助这样的德行杠杆，福泽更多人。

02 服务好客户，帮助更多人

很少有人知道，厂长的恒星研习社的前身是某公司内部的企业大学"星辰研究院"，起初是为培养公司的项目负责人开设的。当初我以第一名入选研究院，后续作为主理人，汇集公司核心骨干，只为跑出最优模型，最终一年营收 6 个亿，我们还访谈了百余位教培行业高管。中肯地讲，我们在团队培养、低成本获客上有独特的优势。

毕业之时，研究院的几十位行业精英普遍反馈，短短几个月的时间，他们仿佛脱胎换骨了。反馈的人多了，我们就想，如果这个模式可复制，为什么不去帮助更多人呢？于是就有了厂长转型，走到台前，发布了首个创富圈产品，24 小时发售破百万元。我们过硬的产品给行业刮起了"私域之风"。

为了服务好客户，团队成员个个都成了私域专家。几千人的社群，我们每天在群里答疑解惑。社群里甄选过的消息，甚至成了众多老板每天必看并转发给团队的内容。不少老板学完后直接实践，跟我们反馈自己的业务大涨。看到大家溢于言表的激动之情，我们再次思考如何帮大家拿到更好的结果。所以进而有了恒星研习社和恒星联盟，毕竟厂长一个 IP 的辐射范围有限，我们可以团结更多正心正念的优质 IP，赋能更多创业者，大家一起帮助更多人。

03 从身边团队入手

我们发现，成功的 IP，包括厂长，无一例外，都是从内部出现的。我们每个人都可以先从身边团队入手。

客户分两种，身边团队就是内部客户，大家一起为外部客户服务。厂长正是服务好了内部客户，才有了行业里那段佳话——在厂长的恒星私董里，有很多厂长的前合伙人、前员工、前合作方……因为他曾经用真金白银用心栽培团队，所以他值得大家的回报。

服务好客户，优秀案例和良好口碑自然就有了。与客户最好的关系，莫过于相互滋养、相处不累、彼此成就。

04 强人设，对内有"三求"

真正的强人设，是由内而外生发出来的。这里有"三求"，我们一起共勉。

求慢不求快：只有慢才能做出复利决策，才能打造长远而忠诚的客户关系。做私域，不短视。

求难不求易：只有挑战，才能激发创业者的动力。不怕挫败，只要站起来的次数比倒下的次数多一次就好。

求少不求多：只有少，才能让客户快速记住你。

所有行业的底层逻辑是一样的：流量、私域、成交、人设。

一个 IP 的强人设，是促进成交的核心。老板 IP 就是公司运转的"发动机"，在老板 IP 的带动下，大家会陆续站到台前，为自己的产品和品牌代言。

客户买的不是产品，买的是介绍产品的这个人。产品只是交易的载体，人设才是成交的关键。

期待在未来，我们能在恒星私董会相逢。我也许有机会帮你把业务从 10 做到 100。

选客户是为了成交，招人做管理也是为了成交。

用做公益项目的
方法做商业

小梵

一个希望用商业服务流浪动物的公益人
一个希望善良的人能得到回报的志愿者

我是小梵。大家都说做公益一定要先成为有钱人，否则别做。可我还是做了。**和做商业相比，我除了初心、价值观不一样外，运营方面都一样，我的高客单就是寻找到有责任心、有爱心、有能力的领养人。**

我出生在一个三线城市的普通家庭。小的时候，我经历过哥哥以打我为乐趣的生活，也遭遇过校园霸凌。我最开心的时候是和猫、狗在一起，所以在选择大学的时候，我选了一所 211 大学的生物技术学院，心想至少可以接触动物。毕业后，没想到很难就业。为了生存，我只得在当地一家台资公司做行政。可我不仅干着行政的工作，我还在干公司安排的追债工作，拿的是行政岗位 800 元的试用期工资，还没有社保。当时我只想先活下去，不敢随意辞职，后来工资涨了 400 元。我干了快一年，追债这个工作让我身心疲惫，于是我辞职干起了销售。

由于在外跑业务，我注意到我所在的城市有很多流浪狗，于是我开始救助它们。我边救助、边上班、边找领养，那时候刚开始流行微信，大量微商在微信上发广告，我也学着微商开始发领养广告。虽然通过领养广告，我为一些狗找到了主人，可我救助的狗越来越多，有被丢弃的、瘫痪的、脖子快被勒断的。没有业绩的时候，我的底薪只有 700 元，一只狗狗的生化检查就要 500 元。我救助的狗已经没有地方可住了。对于身体虚弱、随时需要喂食的狗，我不得不将其带到公司，藏在储藏室里，可这种狗的身体会发出臭味，我被同事投诉，狗被踢，我抗争的事发生了不少。

2015 年，有个基地社群里的小姑娘救助了一只大型犬。她募集了 500 元，可到群内指定的医院治疗皮肤病却要 2000 元，而且这条狗有点凶，医院要求养乖了才收治。我不得不租房，自己来给它治疗。这条狗的病好后，基地不收留它，还将我们几个从群里踢了出去，于是我开始有做一个真正爱狗基地的想法。我开始注册微博、公众号，建立社群，招募志愿者，坚持公布募捐款的收支明细。可我们的募捐款平均每月不到 1000 元，不足以支付一个清洁工人的工资，于是我开创了轮流打扫卫生的制度。为了省钱，我周末煮鸡架养活流浪狗。慢慢地，不到 100 平方米的房子里养了快 30 条流浪狗，基地开始不堪重负。后来，社群里有人对自己付出的爱心要求回报，有人为该不该自己治疗流浪狗等问题争吵，打扫卫生的志愿者抱怨工作很苦，我意识到，我们基地最重要的问题是我们没有资金。大概一年多后，排班的志愿者受不了了，陆续离开。那几年，微博、公众号盛行，可我忙得无法更新，也没有可靠的志愿者愿意接替这些工作，后台信息更是回不了。直到有一天，我的手指关节开始不能动，长期失眠、感冒，我知道再这样下去，我自己都不能支撑下去，于是我开始减少宣传，力争为基地的狗狗找到主人，无人领养的我自己带走。

我们的基地经历过被迫搬迁，我常年没有休息、娱乐。由于常年受伤，我的狂犬疫苗过了有效期就得重新打，我太能理解一个真正做公益的人的痛苦。2023 年，"千狗之父"郁雷鸣先生去世的消息震撼了我。虽然这个世界冷漠的人很多，可仍然有人负重前行，直到死亡。

下面是我对商业的一些思考。

1. 充分利用新媒体

为了找到好的领养人，陌陌、微信、微博、公众号等一面世，我就赶紧打领养广告，只为找领养人。

2. 即使有商业眼光和一定的商业条件,也要克服商业难点

我在写公众号的时候,有个生意人觉得公众号将是商机,他找到我,说他能拉到投资,要我写文章,我提出一旦拉到投资,我花的精力会很多,我的基地怎么办? 他没有回复,所以我们没有合作。

3. 美感在创业中很重要

2020 年,我在抖音发了几条以我救助的动物为配角的短视频,因为有美感,一发出来就有三家 MCN 公司打电话联系我签约,但签约条款都比较苛刻,我没敢签约。

4. 不要被不合理的声音所影响

有人会说:"你都在做公益了,还有人指责你吗?"当时,我们的基地有两间屋子,外面有院子,有人说我们的基地脏、冷,我为此花钱在院子里搭了帐篷,可没用两年就被新来的志愿者觉得不好用拆掉了。我才意识到,我被不合理的声音裹挟了。

5. 如今弱关系更有意义

当初我做公益,以为"领养代替买卖"这个理念至少可以影响身边的人,可现实是亲戚不屑、同事嘲笑、好朋友只口头表示可以理解,反而有些陌生人被我影响后以身作则,践行我宣传的理念。

6. 科技是第一生产力

在做公益项目时,为了杜绝"流二代",我把基地和周边的猫、狗都绝育了,这是一个大工程。虽然很多人有给宠物绝育的想法,但不愿意花钱和花精力。在国际上,大家一直期盼有一种针剂,打完后宠物直接绝育。我虽然做了一些研究,但遇到了很多问题。如果科技进步,这种针剂面世后,可以造福动物。

我有一个梦想,就是我希望和一群有正义感、有爱心的人一起做商业。做成功后,我们会把一部分盈利用来做真正的公益事业。

我有一个梦想，就是我希望和一群有正义感、有爱心的人一起做商业。做成功后，我们会把一部分盈利用来做真正的公益事业。

从衡水中学学生到大健康销冠：大健康领域的个体创业逆袭故事

小金牛

从世界 500 强公司分析师转型做大健康公私域
与 20 多个国际品牌合作，个人销售额第一名

我希望在有限的篇幅里讲述我的故事，期望我的故事能为你带来启发与力量——普通人是可以改变命运的。

我来自河北的一个小县城，出生于工薪家庭。我曾就读于衡水中学，那些年的酸甜苦辣，懂的人自然懂。17岁那年，读高二的我懵懵懂懂想出国，我父母极力反对。一来是传统观念作祟，我整个家族都没人出国旅游过，更别说留学了；二来，经济压力像座大山。可当心中燃起这一团火焰，就难以熄灭，我不记得自己是想逃离，还是想出去看看外面的天地。最后，我是在反对声中哭闹着出国的，自己选的路，再难也要走下去。

到了新西兰，我先在南岛读了一年半高中，过着经常吃不饱、冻得瑟瑟发抖的寄宿生活。大学在奥克兰上的，我独自搬了十几次家。大二那年，我买了辆4300纽币（新西兰元）的、我父母觉得快报废的二手小汽车，但我已经十分满足和快乐了。有段时间，我住在旧火车站改造的公寓里，床垫里钻进了很多床虱，身上被叮得全是包。我和室友深夜里拿着热水壶在楼道里疯狂地泼热水。那场景，现在想起来还历历在目。这些经历没有让我觉得苦，我想，它们教会了我重要的一课——当我走投无路时，总能找到自我突破的机会。后来创业，我也习惯在限制中找答案：**没有团队，就用杠杆；没有资本，就用IP。**

在奥克兰大学，我修完金融学、信息系统学、统计学三个专业的学分，拿到两个学位证书。上大学那几年，为了减轻家里的经济负担，也为了多攒点经验，不至于毕业就失业，我一直在打工给高中生们补习经济学、统计学，参与残疾人志愿者活动和做社团志愿工作，在美丽诺羊毛店做销售，在和微软合作的公司实习。我递交了无数份求职申请书，也被拒绝了无数次，但我始终相信，努力的人终将迎来转机。

毕业后，我进入了新西兰最大的能源公司工作，那是一家新西兰老牌大公司。那段日子轻松得很，远比同龄人高的起薪，上班不用打卡，每天吃吃喝喝，一点都不"内卷"，可我觉得这就像温水煮青蛙，我不想这样过一辈子，等老了，面对儿孙，都没有值得说的故事。**我从小就有个当商人的梦想，渴望做自己想做的事，所以，哪怕工作再安稳，我也没停下前进的脚步。**

上大学的时候，我做过新西兰商品代购，但是没有做大，因为没人脉，也没有销售思维。毕业后的副业，一开始是做澳新跨境分销，但做着做着，我意识到这个模式走不长远，因为缺乏核心竞争力。当时的我，做到了新西兰最大的跨境集团排第一名的团长，但在最高峰时，我意识到，我必须转型，可以发展慢点，但必须长久、良性地发展。我开始与大品牌们深度合作，做大健康。

我曾经尝试过很多引流方式，如在小红书、知乎、微博引流等等，互联网上有很多我引流的痕迹。最后，我扎根在了视频号，因为这上面的 IP 更长久、引流效率更高。我在视频号直播，分享我在新西兰的生活，讲自己的故事，做健康科普，给粉丝们制订慢病调理方案。我的粉丝不断增加，顾客愈发信任我，复购率非常高。

虽然我是视频号的主播，但我走的是跟大多数主播不同的路——打造强 IP，做高黏性中老年粉丝的私域引流成交、粉丝健康社群运营，利用品牌的运营策略，培养顾客的消费习惯，覆盖从自助复购大健康产品到家庭生活消费的方方面面。

当我的副业收入比主业收入高出十几倍的时候，我才辞去了主业工作。如今，我在全网有 30 多万名粉丝。我很少做短视频，虽然我的短视频其中一个帮我涨粉了 10 万人左右。但我觉得直播才是离变现最近的方式。一定要明白自媒体只是工具,时刻从目标出发来决定行为,高效地找到精准粉丝,有效变现和长久复购才是关键。把真正有价值的东西带给信任我的人,不被流量迷惑,只为价值而生。我真心期盼有更多的人正心正念深耕大健康,为自己和社会创造持久的正向价值。

回顾一路走来的成绩,我深知杠杆思维的力量。我就是一个超级个体,没有传统意义上庞大的员工队伍,就连我妈也是在半年前退休之后才来帮我搭把手,但我的收入比很多有几百人公司的老板还要高,且我没有固定开销、没有囤货,是真正意义上的轻创业。

我是如何做到的? **个人 IP 是我的杠杆**——我通过视频号逐步建立自己的品牌,让大家认识并信任我;**品牌是我的杠杆**——我合作的品牌们都有着强大的背书,好的品牌会帮 IP 提供背书;**产品是我的杠杆**——优质产品自会发声,其效果直接决定客户的复购率,而大健康产品的精髓正在于高复购率;**系统是我的杠杆**——我与优秀的公司和专业人才合作,借助他们的力量,让事业发展得更好。把每一个杠杆都运用到极致,有利于实现个人价值的最大化。

如今,我即将 31 岁。有人问我:"你从一个小镇走到现在,靠的是什么?"我想,大概是"清醒"二字。清醒地知道自己要逃离什么——逃离生存焦虑，逃离职场温水煮青蛙的安逸；更清醒地明白自己要追求什么——追求时间自由和空间自由的事业，追求能帮他人解决问题的价值。

大健康领域的未来十年是属于超级个体的。我的经历证明，普通人不需要豪赌，只需掌握四个关键词：

破局——敢于跳出固有模式，追寻那些"不被定义"的可能；

聚焦——在纷扰中，只专注于离变现最近、最有价值的方向；

借势——把自己打造成支点，用个人 IP 打破资源壁垒，用优质品牌增加客户的信任，用产品吸引客户复购，借助优秀的人、公司、系统、AI 等工具提高工作效率；

坚持——这是秘诀，却是大部分人不愿意相信的。

我的故事，不过是一个普通的改写命运的样本，而你的样本，或许会更精彩。

大健康领域的未来十年
是属于超级个体的。

10年修行人，一生
只做好一件事情：
用心力赋能商业

许诺

三甲医院原心理医生
广州政府特邀培训导师
武汉经济广播电台特邀心理嘉宾

我是许诺，一位工作了超 10 年的心理咨询师，也是肖厂长的恒星私董之一。

我原是三甲医院的心理医生，现为高维创业导师、心理学创富教练、创业者心力提升专家、整合心理学创富体系创始人、中国东方文化研究会客座教授。

以前，我专心研究积极心理学，《增城日报》上有两篇关于我的专访，我还是《今晚我和你》节目的特邀嘉宾。很多人羡慕我，但我毫无幸福感。因为我生性爱自由，不喜欢固化的生活模式，追求边旅游、边工作的生活状态。

我想要解决很多人都会遇到的心理问题，我发现西方心理学无法彻底解决生命的根本问题。我看不透商业的本质，看不懂生命的真相，那个时候，我很痛苦，当时我状态很不好，无心工作，整个人萎靡不振。后来，我实在不想继续这样子了，我必须寻求改变。直到我开始接触东方心学，我才找到了生命的本源和真相，提升了高维智慧。

2023 年，我彻底和医院说再见了，因为我实在不喜欢上班，我开始思考创业，卖我的高客单产品，但是在这个过程中，我遇到很多卡点，我真的快绝望了。

后来，我努力解决心力和商业问题，才发现：只有心力，没有商业，无法变现；只有商业，缺乏心力和高维智慧，在创业过程中就会莫名遇到各

种卡点，商业格局也无法变大。于是，我创立了整合心理学创富学院，整合西方心理学和东方的智慧，去其糟粕，取其精华，将很多人需要花多年学习的内容化繁为简，把底层逻辑讲透，帮助学员成为既专业又挣钱的咨询师，并且在创业过程中帮学员提升心力、破解卡点困境。

01 左手心力、右手商业是最佳的变现之路

用心力赋能商业，用商业反哺修行，这让遇到人生瓶颈的我，正式开始了向上爬坡之路。过去的经历给了我两点最大的人生启示：

首先，心力是成功的核心。心力不足，哪怕能力超强，也发挥不出来。

其次，初心永远要正。只要超值交付，赚钱就是自然而然的结果。

02 高竞争力的核心逻辑，就是整合型解决方案

我把技术和商业结合起来，在这个过程中，我悟到高竞争力的核心逻辑是整合型解决方案。市场上的解决方案都是解决某一个点的问题，无法成体系，而整合型解决方案解决的是面的问题，把整个体系串联起来，整体交给用户，这样才能事半功倍。

为了更好地帮创始人通过心理学创收，我们设计了不同层次的产品。有的客户，可能还没到技术变现的时候，只需要学专业技术并且增加实战经验。等客户的专业能力提升了，就可以先完成商业闭环，然后可以选择加入整合心理学创富学院，我们带客户解决各种卡点问题，最终拿到好结果。

03 强人设成交的本质：高维智慧，降维打击

当你掌握更多高维智慧，你就越能做到降维打击对手；当你越能降维打击对手，你的商业就会越成功。

随着整合心理学创富学院的不断壮大，我们逐渐跑通了一套做强人设成交的价值引爆模型，并帮助很多咨询师拿到了非常好的结果。

很多创业者和企业家来找我咨询，有年入千万元的创业者，还有上亿元营收的实体店老板，他们有一个共同点，就是不幸福。我可以让他们回归喜悦，真正的高能量状态让他们的事业重新迎来了增长点。在这样的状态下，他们自然而然会活成一个"全人"。我定义的"全人"，是既能活出幸福人生，绽放自己，又能深入世俗生活，赚大钱。左手修心，右手创富，实现精神和物质的双跨越。

价值引爆模型归纳起来是 12 个字：高维创业、心流成交、情感传播。接下来，我就为你逐一分解背后的逻辑。

高维创业是最幸福的创业方式

乔布斯说："如果你在顶层做了正确的事情，底层的结果就会自然而来。"

好的商业体系是道、法、术、器都具备。道是最难的，法、术、器都是从道中衍生出来的，容易习得。用高维智慧赋能商业就是先帮你解决道的问题，再帮你布局法、术、器。

高维，就是道，是顶层智慧。商业的高维智慧决定了一个人的商业底色和最终格局。

心流成交是最轻松的营销方式

交流才能交心，交心才能交易。

心流成交是一种沉浸状态，是一种催眠式销售，是在给予客户价值，是一种高能量的成交方式。

心流成交是最轻松的营销方式，是一种主动成交，不需要刻意寻找客户，而是让客户主动找到你并付费。

情感传播是最快速的裂变方式

人在做决定时往往更容易受到情感的影响，高度理性化的舆论传播只是一种理想状态，受情感驱使的趋同效应才是传播常态。

开发产品自身的"情感市场"，有可能实现营业额的 10 倍增长。

以情感驱动的传播，将是最快速的裂变方式。

最后，我想送给每一位期望通过一人公司获得幸福感的创业者三句话，它们是我从 0 到 1 创业、突破禁锢的核心认知。

一、人生最好的活法，就是按照自己喜欢的方式活着。

二、活在当下，你才是不断创造营收的主体，其他皆附属。

三、最大的赢家，是精神和物质双赢的人，幸福感创业是归属。

用心力赋能商业，用商业反哺修行，这让遇到人生瓶颈的我，正式开始了向上爬坡之路。

探寻优势之路，
点亮使命之光

叶耀锴

天赋优势成长教练
畅销书联合作者
DISC＋社群授权讲师

我是叶耀锴，广东顺德人，目前是一名天赋优势教练，热衷于发掘与分析人的天赋优势。我善于透过人的背景、经历、资源等情况，了解其内心真正的需求和动力，致力于帮助人们看见自己与生俱来的天赋和优势，找到正确的努力方向，规划适合自身的发展路径，最终达成自己想要的结果，实现人生价值。

01 设计之路：梦想与现实的落差

我的大学专业是艺术设计，大学毕业后，我怀揣着对艺术的热爱和对未来的憧憬，踏入了设计领域。那时的我，满脑子都是新奇的创意和宏伟的设计蓝图，想象着自己的作品能够惊艳众人，成为行业之星。然而，现实却给了我沉重的一击。在那看似充满艺术氛围的设计工作室里，我每天的工作是机械地重复绘图和做无尽的修改。面对客户千变万化且常常模糊不清的需求，我费尽心力去满足，却始终难以将自己心中的设计理念完整地呈现出来。

无数个夜晚，我对着电脑屏幕上密密麻麻的线条和图形发呆，心中充满挫败感。加班成了家常便饭，身体的疲惫和精神的压力让我逐渐失去了对这份工作的热情。更让我痛苦的是，我开始意识到，这样的工作状态与我最初追求的设计梦想背道而驰。不知道自己是否应该继续坚持走在设计这条道路上，我到底适合什么样的工作呢？

在这个迷茫的时期，我大量地阅读书籍，希望找到解决方案。我在书店中发现了《世界上最伟大的推销员》这本书，书中主人公面对重重困难却不屈不挠的奋斗精神以及他对实现自我价值的执着追寻深深打动了我。我开始反思自己的人生，难道我还要在这样的工作中消磨时光吗？我意识到，人生短暂，应该勇敢地去挑战自我，于是，我萌生了从事销售工作的想法。

02 转战销售：困境中的挣扎与觉醒

在确定从事销售工作后，我马上在招聘网站上搜索销售相关的工作。当我看到某保险公司的招聘广告时，我仿佛看到了命运给我的一个新契机。经过认真地考虑，我决定去应聘这个岗位，经过层层面试和考试，我成为一名保险销售人员。在一次次跟客户打交道和理赔的过程中，我对保险所蕴含的爱与责任有了更深的理解：原来保险是夫妻晚年相互扶持的支柱，是子女献给父母的孝心，是父母为子女点燃的照亮他们人生路的永不熄灭的蜡烛。**我觉得自己不仅仅是在推销一份保单，更是在为客户的未来家庭生活提供一份确定的有力保障。**

然而，销售之路远比我想象的艰难。由于我本身性格内向，拓展客户成了一座难以逾越的大山。我每天像只无头苍蝇一样四处奔波，努力地向每一个人介绍保险产品，却常常换来冷漠的拒绝和怀疑的目光。看着身边同事们一个个顺利签单，业绩节节攀升，而我却始终毫无进展，业绩考核的压力很大，心情十分低落，脑海中经常回响着一个声音："我的销售优势到底在哪里？

怎么才能赢得客户的信任呢?"

就在我几乎要被绝望吞噬的时候,我在网上看到了一本关于优势识别器的书,它如同救命稻草般出现在我的生活中。我按照书中的方法,静下心来认真剖析自己的性格特点以及行为模式。在这个过程中,我惊喜地发现了自己隐藏的天赋优势。我发现自己善于倾听他人的心声,能够敏锐地捕捉到他人话语背后的真实需求,并且拥有很强的同理心,能真切地感受他人的情绪。

这些发现让我如梦初醒,我开始重新审视自己的销售策略。我不再盲目地追求客户数量,而是先把重点放在与少数客户建立深度信任的关系上。每一次与客户接触时,我都用心倾听他们的故事,了解他们的担忧和期望。根据他们的实际情况,为他们精心定制个性化的保险方案。慢慢地,客户们开始被我的真诚和专业打动。在一次公司举办的年度活动中,我凭借着对客户需求的精准把握和真诚服务,成功签下了多笔业务单,一举进入公司销售排名前十,赢得了公司的表彰。站在领奖台上的那一刻,我心中非常感谢客户的支持,也更加坚定了自己在保险领域继续前行的信念。

03 第二曲线:助人助己的新征程

我的保险销售工作逐渐步入正轨,但我并没有满足于眼前的成绩。因为在自己的成长过程中,我深刻体会到了迷茫和无助的痛苦,我深知有许多人正像曾经的我一样,在职业发展的道路上迷失了方向,不知道如何发挥自己的天赋和优势,实现自己的目标。于是,我决定利用业余时间,投身于天赋优势教练这一领域,希望能够用自己的经验和所学,为那些在迷茫中摸索的人点亮一盏明灯。

在副业起步阶段，困难重重。两份工作在时间上的冲突常常让我感到力不从心，一边是忙碌的本职工作，一边是需要投入大量精力去学习和实践的副业。但每当我看到那些在我的帮助下，眼中重新燃起希望之光的来访者，我就觉得一切付出都是值得的。我曾帮助过一位从事销售工作多年的朋友，他在销售的职业之路上一直起起伏伏，后来遇到了职业瓶颈。我给他做了一次天赋优势咨询后，深入了解了他的思维方式和行为模式，结合他自己的销售天赋，梳理他以前的客户资源，画出了他的客户画像。后来，他凭借天赋，销售业绩倍增，获得了公司的最高奖项，也获得了更多的客户。

04 天赋优势赋能成长之路

人们往往会追求全面发展，却忽略了自身独特的天赋和优势。这与传统的"补齐短板"观念截然不同，我认为个体专注于天赋和优势是成为超级个体的必经之路。在成为天赋优势教练以来，我设计了天赋优势探索营的产品，利用优势体系来赋能学员。他们来自不同的行业、城市，都通过天赋优势体系发现了各自的优势。为了能更好地赋能更多人，我总结了职业规划、天赋成交、亲子教养、情绪管理、咨询反馈、团队赋能 6 大主题，希望学员能从中找到自己的天赋成长之路。

天赋优势把我从人生的低谷里拯救了出来，让我在高山上看到还有很多人像曾经的我一样，一直在用别人的成功标准来要求自己，往错误的方向努力，我想帮助他们了解自己的天赋和优势是值得被看见的。

05 以始为终，点亮未来

过去十年，我从设计"小白"到销售精英，再到成为天赋优势教练，我非常感谢这段经历，让我找到了自身的使命。

2025 年，我致力于帮助 1000 个人发掘天赋，在各自的专业领域打造专属优势，开启第二曲线，成为像我一样的天赋优势教练，成为照亮自己和他人的光。

人们往往会追求全面发展，却忽略了自身独特的天赋和优势。

一个用心"看见
孩子"的教育人

哲哟

学到成长工作室创始人
生涯测评和规划师

大家好，我是哲哟，曾获国家级奖学金，在教育领域深耕了差不多 10 年，曾在创新教育组织担任地区负责人、上市教育公司担任校区管理者，管理营收超 800 万元的校区。目前我专注于做支持孩子成长的定制化方案的规划和落地，在基础教育、财富管理、心智培养等方面，为孩子的成长提供一对一个性化规划咨询，致力于培养有自信力、学习力、恢复力的孩子。

下面我将结合我的故事，谈谈孩子成长的三大能力和一大基石。

01 能力一：自信力

我与教育结缘比较早，上高中期间以成员的身份参与全球最大的孩童创意行动挑战，凭借《为生命让道》荣获"最感动奖"以及"最具勇气奖"。后来，在大学期间，我成为该挑战广州地区的导师和负责人，统筹该挑战在广州地区的落地，服务上百个孩子及其家长。我们的课程基于 DFC 理念，让孩子通过感受、想象、行动、分享这四个步骤学会发现问题、解决问题，从而提升孩子的自信力。从成员转变为导师、负责人，我看到很多孩子因为在创意挑战中形成了"I can（我能）"的信念而在舞台上闪闪发光，我深刻意识到自信力的重要性。

怎么才能让孩子获得自信呢？我在这里分享一个重要的做法：**提供足够多的机会支持并协助孩子实现他的想法，同时让他感受到自己能够通过努力得到正反馈**。比如，在一次创意行动挑战课程中，在导师引导下，孩子们发现使用广州少年宫电梯的人很多，希望鼓励更多人走楼梯，他们想到了通过在楼梯墙壁上作画吸引更多人走楼梯,最后他们的想法得到了支持并成功吸引大家走楼梯。

02 能力二:学习力

毕业后,我成为一家上市教育公司的管培生,当时主要负责学科辅导业务,在教学、管理岗位轮岗。在教学方面,我获得了"跨学科比拼冠军""最佳教学奖""校区续费前 10 的教师"等荣誉,服务过上百个学生及其家长,好评不断。在管理方面,我在 2 年内快速晋升,管理营收超 800 万元的校区。尽管我以负责学科辅导业务为主,但我并不认同学习成绩是唯一标准,我认为学习时,重要的不是知识本身,而是学习知识的过程,这个过程涉及学习习惯、学习方法、学习态度。因为一个人在长大后不一定会记得或者需要运用所学的基础知识,但他一定会在长大后被在求学阶段总结出来的学习习惯、学习方法、学习态度所影响。每个孩子都是不同的,他们在学习习惯的养成、学习方法的选择、学习态度上的卡点方面会有所不同,一个好的老师或者教育产品应该能够快速识别并协助孩子找到合适的学习习惯、学习方法、学习态度,进而提升他们的学习力。学习力是快速学习、识别和运用方法解决问题的能力。这个能力,在人生中是必不可少的。

与大部分教育从业者不同,我在教学过程中除了传授知识,还注重协助孩子找到合适的学习习惯、学习方法、学习态度,培养孩子的学习力。培养孩子的学习力是个性化、系统、复杂的过程,给大家分享一个通过调整孩子的学习态度来帮助孩子学习的例子:敖同学的理解能力较好,能够理解知识点,但单独做题的时候正确率偏低。经过沟通和观察,我发现孩子在遇到篇幅稍长的题目时,存在畏难心理，很容易题目还没看完就说不会，于是我在讲解解题方法的基础上，沟通植入"单词不会不用怕，识别题目类型和理清思路就能解决""不要轻易说不会，再多看一眼"的观念。慢慢地，孩子的畏难心理有所转变，成绩逐步提升。

　　尽管我快速晋升，但后续的发展遇到了瓶颈。离职后，我与人合伙开了一家教育机构，但在一切准备就绪、即将开业的时候遭遇疫情，导致大半年都在交租金，没有收入。后来，我从中退出，机构倒闭了。再后来，又有朋友邀请我合伙开教育机构，尽管疫情已过去，但"双减"政策的出台让整个补习领域受到了一定的打击，合伙人陆续退出，只剩我一人。在这期间，我深刻地感受到：风险是不可控的，人难免会遇到困难。这给了我 2 个启示：**一是面对困难的乐观心态是必备的。二是人需要把不确定的风险转化为可控的损失，做好财富风险管理。**这 2 个启示刚好对应接下来我要谈的能力三和一大基石。

03 能力三:恢复力

恢复力是很重要的,它是指面对困难能够较快调整心态的能力。曾经有人问我:"如果你能给孩子一样宝贵的东西,你希望是什么?"我说:"我希望能给他面对困难的乐观心态。"因为人生的路需要他自己去走,父母无法预测他可能会遇到什么,但我们能给孩子的是:无论遇到什么困难,都有面对困难的乐观心态。基于这一点,我在基础教育、财富管理基础上增加了疗愈内容,通过相关工具来支持家长、孩子。

04 一大基石:财富风险管理

我的孩子出生后,我便深入研究各类保障产品,在教育的基础上增加了财富风险管理的内容,因为我明白:一个孩子要顺利地成长,离不开财富的支持。好的财富规划能够为孩子的各阶段成长提供经济支持,从而确保教育目标的实现。举个例子,一个孩子学习成绩很好,想要出国深造,但需要 100 万元。如果家长提前做好了财富风险管理,那么可能可以相对轻松地准备好这笔资金,即使遭遇突发的疾病等状况,这笔资金也不会受影响;如果没有做好财富风险管理,可能拿不出 100 万元,或者已经筹备好了 100 万元,但家人突发疾病,需要 80 万元,本着"生命至上"的原则,家长会先选择治病。如果幸运的话,病治好了,只剩 20 万元,最终,孩子出国深造的计划就泡汤了。**所以,财富风险管理是教育中必不可少的部分。**

未来，我将持续以财富风险管理作为基石，深度培养有自信力、学习力、恢复力的孩子。好的教育，不仅传递知识，还"看见孩子"并给予他所需的支持。

好的教育，不仅传递知识，还"看见孩子"并给予他所需的支持。

半生归来，
只为心中热爱

朱新彩

诗人、作家、陕西省作家协会会员
西安米仓文化传媒创始人
写书出书教练、图书策划人

回首过往，我有过三次创业经历，一次失败，一次成功，一次还在路上。

1997 年，因为文学梦，我来到西安，继而开始了我的第一次创业之旅，经营一家售卖工艺礼品的线下门店。由于当时我的设计理念过于超前，经营到后期，从设计、加工到定制化一条龙服务的投入成本过高，导致门店资金超负荷，我精心策划的连锁门店之路走不通了。我不仅将利润花光，还背负了债务，我的第一次创业就这样惨淡收场了。

"失之东隅，收之桑榆。"在这期间，由于我对创作的热情，我先后创作出了小说《盛夏以疾病告终》和《流光岁月》，这奠定了我后来走上专业作家之路的基础。

由于出身书香门第、丹青世家，我自小便对文学、艺术有着超乎常人的天赋与热爱。我从十三岁起便创作诗歌、散文、小说，累计发表了近 20 万字的作品。由于一直只问耕耘，不问收获，所以直到2014 年才出版了我的第一本代表作《花的自然性》，次年通过河南省作协省直会员审核，我的作品被收录于河南省作家档案馆，后来相关电子书上架亚马逊官网，读者遍布全国。

我在追求文学的路上，并非一帆风顺，其间多次历经挫折。外祖父留下了家训："张家的后人不写书。"我的叛逆使我每写出一个字就像戴着镣铐在跳舞，既欣喜又沉重，这就像诅咒一般，让我无法放弃，也无法前行，写作始终伴随着无法言说的痛。而除了心灵的磨难，还有现实的艰难。我从小的理想就是成为像托尔斯泰那样的文学家，但是在现实中，理想似乎遥不可及，我经常怀着对创作的热情，却走向为生存而努力的创业之路。

当遭遇了第一次创业失败之后，我背负着债务，开始第二次创业攻坚。在吸取了第一次创业失败的教训之后，我选择了资金投入比较小的一人代理轻创业。没想到在重压之下轻装上阵，反倒取得了意外的成功。这次创业不仅还清了之前的债务，还有盈余支撑我后来长达6年的写作马拉松。我创作出了我的诗歌代表作，获得某诗歌大奖赛二等奖。

由于定居西安，为便于与西安的作家们交流，经陕西省作协副主席阎安、中国作协会员李虎山联合推荐，我成为陕西省作协会员。我经常参加作协的一些重要创作活动，并应邀给众多著名人士撰写报告文学作品。

回首来时路，为了心中热爱，我不曾懈怠，努力创作，觉得人生有无限的可能。我除了实现自己的人生理想，还应有更多的责任和担当。

疫情袭来，改变了很多人的人生轨迹，有人因此跌落谷底，也有人因此迈向巅峰，有人斗志昂扬，也有人苟延残喘。在互联网互联万物的世界里，信息传播的途径更多样化。随着纸媒的衰落，大量传统作家举步维艰，新生代作家利用强大的互联网力量创作，风生水起，所以我在2022年决定成立西安米仓文化传媒有限公司，为仍然有创作激情的传统专业作家提供更大的创作空间。我们公司策划了一个写作品牌"桃夭者华"，为专业作家提供写作土壤，也将各行各业最优秀的奋斗者纳入被书写的行列，希望能有更多人知道这些创业者的创业故事，从而为深陷事业低谷的人们带来激励和启发。

2022年，我再次创业，这次选择入局互联网。在人工智能席卷全球的浪潮中，人与人工智能既相互依存又相互博弈，我既看到了人性之光，也看到了某种让人惧怕的力量。在这一场旷日持久的较量之中，我相信唯有人的创新精神才是人类最终的决胜之本，能使人立于不败之地。

当然，每个时代都有每个时代的精神，每个时代也有每个时代的信仰，而我的信仰就是这个世间唯有爱是永恒的。在面临巨大的冲击的时候，我愿意和所有的奋斗者一同筑起精神的高墙，不被外物所扰，也不为喧嚣所动。

所有的伟大志向都要通过实际行动才能产生效果，我和我的作家团队就是这样一群脚踏实地的行动者，从采访到撰稿，从审校到出版，每个细节、每个流程都会用最专业的态度做到极致。如果你是创业者，如果你身怀抱负，请加入我们的行列，我们将用作家专业的笔触、独特的视角为你书写人生的传奇。它会成为你的品牌的助力，也会成为你生命的见证，让你在收获口碑的同时获得财富。

借这次契机，我要深深感谢肖厂长、海峰老师、石榴叔和婉莹小姐姐，你们不但助力了我的第三次创业，也给了我和我的作家团队无限可能和超强的人设联盟力。

我是朱新彩，期待未来我和我的作家团队能和大家携手同行，共创共赢。

当然，每个时代都有每个时代的精神，每个时代也有每个时代的信仰，而我的信仰就是这个世间唯有爱是永恒的。

爱穿汉服的阿芳老师

阿芳老师

同生坊百年雕版印刷传承人
典乐司蒙典乐教项目主理人
鹤汀汉服研发中心联合创始人

我的学生能够在三个月内识 2000 个汉字、快乐吟古诗 90 首、轻松背成语 400 个，因为我们有教材、有教法、有闯劲。

风和日丽，衣袂飘飘，"一鸣惊人、人山人海、海纳百川……"教室里，刘硕同学领诵，同学们声震楼宇；操场上，文皓同学领诵，"天地玄黄，宇宙洪荒……"，同学们把《千字文》的魅力展现无余；首都师范大学演出大厅里，丛霁坤轻抚古琴，给中、日、韩学者展示"吟诵及作曲法"……我个人曾经受邀在济南、淄博、北京、广州等地做过教学法讲座。我的论文《有关传统文化的教学探索》和《课例：〈弟子规〉》发表在 2011 年 10 月的中华吟诵学会内刊第五期上，《吟诵教学模式初探》被收录于 2011 年 11 月第二届"中华吟诵周"的论文集中。除了作品入选《吟诵研究资料汇编》、参与《课内海量阅读丛书》合著，我还是学校校本教材的编写主力，参与了实验区德育案例合集《耕耘》的编写，还有多篇论文发表于《山东教育》《师资建设》等杂志上。

回想 30 年来的经历，我走过了素质教育改革以来的各个阶段。我每天上讲台，从没有应付过学生。在实践中西多种教学法的过程中，我认定了中国古代基础教育教学法。我所在的学校挂牌全国第一批吟诵实验学校，我感谢我的恩师、我的同事，我珍惜我的岗位、我的学生。我走进过主班所有学生的家，我和我的学生一起种茄子、跳蹦床……这些让我有底气大声地说出："我是一名合格的老师！"

一位知名记者曾问我："你为什么这么拼？"我说："我不知道，但是好像有一种使命感在内心深处召唤我。"一位资深研究员曾在我的芳香苗圃论坛留言："多好的老师啊，竟然能清晰列举出每个学生的名字和特点，并且因材施教。"但我知道，我从来不是什么新型教学法的发明者，而是中华五千年文明的搬运工。

为了实践真正的汉文化教育——一种各学科结合、知行合一的教育，在一个严寒的下午，我批完作业，离开了熟悉的校园，只留下一句话："我要走出校园，疗愈自己。"我选择走出象牙塔，和我的先生齐鲁风一起创办了鹤汀汉服文化馆。我们以汉服为载体，以礼乐为形式，以《蒙典训诂》和四书五经为读本，开启了汉文化传承之旅。我们打通了汉服设计、汉服制作、汉服馆运营、汉文化爱好者的升学、社培模式。最近流行的马面裙版型，我们十年前在中国汉服博物馆开馆时就公开宣发过。

爱和幸福，是每个人的追求目标。有些人在利益取舍时先己后人，但是我从小受的家教使我总是先人后己。我愿意分享，我把我所有的好东西都分给身边的人，有时还让别人纳闷。如今，我意识到这是因为我的爱不足。不会爱自己，会导致自己生病，身边的家人也会受害。以前，我在给员工买东西时会忘记给先生买，因为我把他当成了自己的另一半，齐鲁风在我这里得到的关心和滋养很少。现在，我已意识到爱是平等的，爱是希望，爱是良药。过去，我的语言表达能力匮乏，所以我经常用微笑回应别人，回家了也不想说话。现在，我学习如何表达，我希望我的热情能够融化坚冰，我祝愿自己和他人都能得到幸福。我感受到了语言的力量，我觉得我越来越会爱。爱，会带来回馈，我坚信我会越来越幸福。

强人设成交的底层原理是"我信任你"。强人设表现在专业功底深、懂商业逻辑、通人性。

作为一位老师，要让别人相信我能帮你的孩子获得成功，可不是件容易的事。这需要老师真懂孩子、真爱孩子。

一位心理学博士后想与我合作，旁边的一位 AI 运营人员要给我做短视频，他说："您传授专业知识就行，千万别笑。"这位心理学博士后说："其实阿芳这种乐呵呵的状态也挺好。"这说明我不说话时气场强大，一说话就会让人知道我是一个纯真的人。我知道我的特质让喜欢我的人信任我、想帮我，让市侩的人怀疑我、远离我。新的一年，我仍旧会坚持做自己，爱自己，爱他人。我坚信，更高级的强人设成交法门是爱，具体途径是求真、行善、至美。我拥有了爱，因此有了不断突破自己的勇气和迭代的能力。因为爱学生，我选择离开学校；因为爱学习，我选择离开书本；因为爱周围的事物，我经常离开钢筋水泥。

我觉察到，在未来世界里，你可能要与你的克隆人进行较量。

我提醒大家：抓紧做自己的行业智能体，不要把你宝贵的专业知识、人设以及声音波纹交给不了解的机构。我很不愿意用电子设备，但是我只能选择研究它了。我需要志同道合的人，和我一起研发汉服周边的工作流和行业智能体。未来，只能用快速迭代和智慧，去努力应对人与 AI 的竞合。

我曾经在微信视频号刚出现的时候，就预知了微信达到 10 亿活跃度时会形成超级个体联盟；微信内测时，我还建了"汉圈连麦群"。我并不是先知，只是在读经典的过程中开启了智慧，并且因为我爱这个世界，所以关心周围的变化，提升了觉察力、思考力、多维认知力。有时，我提前说一些结论时，会有人嘲笑我杞人忧天。即便如此，我仍会思考：人如何掌控自己的未来？是遇到问题就去问 Deep-Seek 吗？是下了班就去打游戏吗？这样崇拜数字科技、沉迷于虚拟世界，人自己如何进步呢？人的精神世界如何保持纯净？人的情感如何保持纯真？

与君共思考，也期待经典继续催生智慧。

现在，我已意识到爱是平等的，爱是希望，爱是良药。